D1723972

Ronny Meyer

ABDICHTUNG UND WAHRHEIT

JEDERMANN-VERLAG

Bauen und Modernisieren:

Luftdicht ist Pflicht oder
20 Socken im Schrank sind 'ne sichere Bank

ZU DIESEM BUCH:

Seit Oktober 2006 schreibt Ronny Meyer jeden Monat für die Mitgliederzeitschrift der Eigentümerschutz-Gemeinschaft „Haus & Grund, Baden" eine Kolumne zum Thema „Energiesparendes Bauen und Modernisieren". Nachdenklich und unterhaltsam werden alle Facetten des Wärmeschutzes und der Nutzung regenerativer Energien beleuchtet. Wenn Ronny Meyer mit Vorurteilen aufräumt oder Fachbegriffe und deren wahrhaftige Bedeutung analysiert, dann spüren die Leserinnen und Leser, welche Freude er beim Formulieren hatte. So sind manche Kreditschulden eher als Guthaben zu werten, Zukunftstechnologien sind streng genommen Gegenwartstechnologien. Nach jeder Episode fragt man sich, warum die Menschheit beim Thema „Energiesparen und Klimaschutz" noch so zögerlich ist. Ronny Meyers einfach nachvollziehbare Rechenbeispiele, seine originellen Bau- und Wohn-Ideen machen Lust, sofort mit dem Umbau des eigenen Hauses oder der eigenen Wohnung zu beginnen. So wird nicht nur die Erdatmosphäre geschützt, sondern auch die Atmosphäre in den eigenen 4 Wänden.

ZUM AUTOR:

Dipl.-Ing. Ronny Meyer, Jahrgang 1963, erfüllte sich bereits als Student den Traum vom eigenen Haus. Damals gab ihm der große Anteil an Eigenleistung auch einen praktischen Einblick in alle Baugewerke. Über seine Vorschläge für finanzierbares, hochwertiges und energiesparendes Bauen berichtet Ronny Meyer regelmäßig in Fachzeitschriften, bei Seminaren, in Fernsehsendungen und auch bei seinen – in Deutschland bisher einzigartigen – Energiespar-Shows. Seine Bücher wurden in mehrere Sprachen übersetzt und werden wegen ihrer anschaulichen Darstellung zunehmend auch von Berufsschulen und Universitäten als Lehrbücher verwendet. Mit seiner Band „Ronny und die Bauarbeiter" geht er das Thema auch musikalisch an.

INHALT

NICHTS BLEIBT
WIE ES MAL WAR,
ALLES WIRD ANDERS

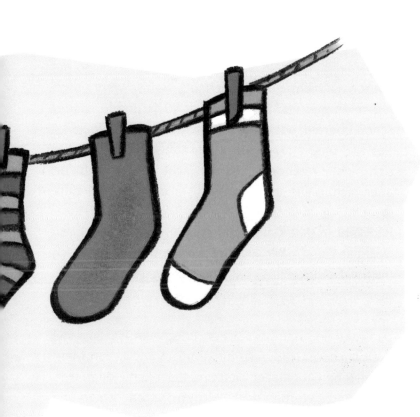

tellen Sie sich vor, Sie kaufen 10 Paar Socken: alle in derselben Größe und alle in derselben Farbe. Diese insgesamt 20 Strümpfe stapeln Sie übereinander in Ihrem Kleiderschrank und nummerieren in Gedanken die Strümpfe durch: der unterste trägt die Nummer 1, der oberste die Nummer 20. Und jetzt der interessante Gedanke: Diese Ordnung wird nie ...

… wieder hergestellt werden (in Wirklichkeit sind die Socken ja nicht gekennzeichnet). Selbst wenn nach jedem Tragen und Waschen alle 20 Strümpfe wieder schön übereinander liegen, so wird die Reihenfolge jedes Mal eine andere sein. Von außen betrachtet hat sich nichts verändert, aus der Sicht der Socke bleibt aber nichts, wie es einmal war, alles ist nach jedem Waschgang anders. Denn jede Socke hat bei ihrer Rückkehr in den Kleiderschrank immer einen anderen Nachbarn und/oder eine andere Position. Wenn ich mich nicht verrechnet habe, gibt es weit über 100.000 unterschiedliche Kombinationen.

Das Faszinierende an solchen Beispielen ist, dass die Welt auch im Großen so funktioniert. Milliarden Menschen leben auf dieser Welt und jeder kann jeden treffen. Ständig werden nach solchen Treffen Firmen und Familien gegründet, Ideen entwickelt, neue Wege ausprobiert, es werden Erfindungen gemacht. Immer mit spürbaren Folgen für das direkte und auch für das weitere Umfeld. Ob man das so will oder nicht. Wer hier versucht, die alte Ordnung wieder herzustellen, ist zum Scheitern verurteilt.

Was einmal erfunden wurde, ist vorhanden und kann nicht wieder entfernt werden. Und genau das ist eines der Hauptprobleme der Menschen: Die Sehnsucht nach der „guten, alten Zeit". Die Ursache dafür liegt in der frühkindlichen Prägung.

Nahezu jeder Mensch bekommt seine Ordnung während der Kindheit vermittelt. Wir lernen sehr früh, dass eine Erdbeere nach Erdbeere schmeckt und nicht nach Tomate. Schmeckt die Erdbeere plötzlich aber nach Tomate, gerät die Welt aus den Fugen. Für den, der später geboren wurde, schmeckten Erdbeeren schon immer nach Tomaten.

Für ihn ist also alles bestens. Er wäre irritiert, wenn plötzlich alles so wie früher wäre (Erdbeeren schmecken wieder nach Erdbeeren). Das Beispiel ist übrigens gar nicht so abwegig. Früher schmeckte Schokolade nach Schokolade und Joghurt nach Joghurt. Heute gibt's Schokolade mit Joghurtgeschmack und Joghurt mit Schokoladengeschmack. Nun ist diese Veränderung aber nicht dramatisch, denn jeder kann frei wählen, ob er Schoko-Joghurt oder Joghurt-Schokolade möchte. Und wem diese ganze Joghurt-Schoko-Entwicklung nicht passt, kann dieses Kapitel einfach ausklammern. Es berührt ihn nicht weiter.

Was ist aber mit den Veränderungen, die wir nicht ausklammern können, denen wir uns notgedrungen anpassen müssen? Zum Beispiel der Energiepreisentwicklung. Wer den heutigen Stand als endgültig betrachtet, sollte mal an die Socken im Kleiderschrank denken. Wenn wir wissen, dass die Sockenordnung immer eine andere sein wird, dann können wir auch Prognosen in Sachen Heizkostenentwicklung abgeben. In den nächsten

10 bis 20 Jahren wird Energie in der Menge, wie wir sie heute verbrauchen, für die meisten unbezahlbar sein. Unsere Bau- und Haussanierungskonzepte müssen also die Zukunft abbilden – nicht die Gegenwart: Nullenergiehäuser und sonnenbeheizte Häuser sind die logische Lösung.

Wer nach heutigem Standard baut oder saniert, hat in einem Jahr schon wieder ein altes Haus, das nicht dem Stand der Zeit entspricht. Wer gar nichts in Sachen Wärmedämmung und Wärmeschutz tut, weil er ein Haus nach alter Tradition haben möchte, wird schon bald die „gute, alte Zeit" schmerzhaft spüren: Er wird in seinem Haus genauso frieren, wie die Menschen vor der Einführung der Zentralheizung gebibbert haben. Der einzige Unterschied: Früher gab es noch keine Heizungen, künftig gibt es keine bezahlbaren Brennstoffe mehr. Tipp für diesen Fall: Kaufen Sie sich dicke Socken. Wie wär's mit 10 Paaren?

ENERGIESPAR-TIPP:

Augen auf und Energie sparen. Gerade im Winter ist es so einfach, zum Beispiel schlechte Dächer zu identifizieren. Wenn der Schnee auf Ihrem Dach nur teilweise wegtaut (meist rund ums Dachflächenfenster oder am Schornstein), dann ist das Dach genau dort sehr schlecht oder gar nicht gedämmt. Oder schauen Sie sich die Nachbarhäuser an: Wenn auf allen Häusern Schnee liegt, aber nur auf einem einzigen nicht, dann ist dort etwas faul. Werden Sie zum Energiespar-Detektiv und weisen Sie die Bewohner darauf hin, dass sie unnötig ihr Geld verheizen.

Falls Sie bei der Modernisierung eines Ihrer Nachbarhäuser sehen, dass zwar die Fassade, nicht aber die Fensterlaibungen gedämmt werden, rufen Sie laut „Stopp": noch kann man diesen Bauschaden verhindern. Viele Menschen (und manche Billig-Fachleute) wissen nämlich nicht, dass Fehler in der Dämmung zu Schimmel führen können. Oder Sie sehen, dass die Stahlkonsolen eines Balkons direkt an der Wand befestigt werden: Dann fließt genau dort Wärme ab. Innen kann sich ebenfalls Schimmel bilden. Klären Sie auf und helfen Sie mit, dass wir alle Energie sparen. Unsere Geldbeutel und unsere Umwelt danken es uns.

ICH TRAU' MICH WAS, WAS SICH SONST KEINER TRAUT

Die vergangenen Jahre könnte man rückwirkend unter das Motto stellen „Ich trau' mich was, was sich sonst keiner traut". Die Fernsehmoderatorin Charlotte Roche traute sich ein Buch zu verfassen, in dem ganz viele Wörter vorkommen, die man normalerweise nicht schreibt: rrrrrumms ... Volltreffer! Angela Merkel traute sich im Jahr 2008 bei der Eröffnung der neuen Osloer Oper einmal als Frau und weniger als Bundeskanzlerin aufzutreten: „Ohhhhhs" und ...

... „Ahhhhhhs" hörte man rund um den Globus! Kurt Beck (kennen Sie den noch?) hat sich getraut so zu sein, wie er wirklich ist. Andrea Ypsilanti ebenfalls. Irgendwie jeder für sich auch ein Volltreffer. Die Energiekonzerne haben sich im Jahr 2008 getraut, einmal vorsorglich zu prüfen, ob die Deutschen auch bereit sind, einen Euro pro Liter Heizöl zu bezahlen. „Ja, wir zahlen", lautet unsere Botschaft an die Ölbarone.

Wie wär's mit einem Spiel für die nächste Fete? Jeder sagt, was er sich schon einmal getraut hat oder was er sich demnächst trauen wird. Bedingung: Es muss etwas sein, das sich bisher keiner getraut hat. Ich würde mich bei so einem Spiel trauen, „öffentlich" zuzugeben, dass ich alle Bücher von Dieter Bohlen gelesen habe. Nachdem sich alle entrüstet haben („Waaaas hast Du getan?"), würde ich diese mehr als 1.000 Bohlen-Seiten auf die knappe, wenig neue Formel zusammenfassen „Jeder ist seines eigenen Glückes Schmied."

Es gibt übrigens einen wichtigen Hinweis, den uns Dieter mit auf den Weg gibt. Dieser Hinweis ist wirkungsvoller als alle Glückwünsche dieser Welt zusammengenommen. Es ist vielmehr eine Art Bauanleitung fürs Glück. Dieter schreibt: „Jetzt kommt etwas, das Ihr alle nicht hören und auch nicht lesen wollt. ... Das, was ich jetzt rauslassen muss, ist nicht gerade populär. ... Das Wort, um das es sich hier dreht, fängt mit einem großen A an. ... Okay, ich sage jetzt das Wort, mit dem man jede Wahl verliert, zum Buhmann wird und einfach nur völlig daneben ist. ... Dieses Wort heißt ARBEIT." Bohlen schreibt weiterhin vom „Leistungsprinzip", von „Ehrlichkeit" und von Besserwissern, auf die man besser nicht hört.

Vergessen Sie die Geburtstags- und Neujahrs-Glückwunschkarten und die „Ich-wünsche-Dir-alles-Gute"-Floskeln. „Ärmel hochkrempeln und dem eigenen Glück ins Auge schauen" heißt die Devise. Anpacken, arbeiten, sich bewegen. Und noch etwas: Genauso, wie jedes Haus ein Fundament braucht, braucht auch jeder Mensch ein Fundament. Und dieses Fundament heißt „klare Ziele setzen". Wer keine Ziele hat, kann auch nirgends ankommen. Und wenn Sie ein Ziel haben, und sei es nur ein einziges, nur dann können Sie Ihren Weg zielstrebig gehen.

Trauen Sie sich, ein Buch zu schreiben, wie es sich zuvor noch niemand getraut hat. Oder kleiden Sie sich so, wie Sie es noch nie getan haben. Trauen Sie sich, so zu sein, wie Sie wirklich sind. Trauen Sie sich, Ihr Haus energetisch zu modernisieren, um die nächste Energiepreiserhöhung ins Leere laufen zu lassen. Und trauen Sie sich, dieses Spiel zu spielen: „Jeder sagt, was er sich noch nie getraut hat und was er sich demnächst trauen wird." Falls bei Ihnen zufällig Wolfgang Tiefensee in der Runde sitzt, ahne ich schon, was er sagen wird: „Ich habe mich als Bau- und Verkehrsminister getraut, etwas zu tun, was sich kein anderer Politiker vor mir getraut hat. Nämlich NICHTS."

MODERNISIEREN: WENN NICHT JETZT, WANN DANN?

Eine unbequeme Wahrheit: Viele Menschen müssen nicht bis zum Nordpol fahren, um den Untergang der Welt vor Augen zu haben. Oft genügt ein Blick ins eigene Wohnzimmer, ins Treppenhaus, ins Schlafzimmer. **Mamma Mia!** Mal ehrlich: Viele Hauser erwecken den Eindruck, als hätten ...

... Architekten und Handwerker nach dem Motto gearbeitet „**denn sie wissen nicht, was sie tun**". Hässliche Bäder, grauenhafte Tapeten, phantasielose Vorhänge, längst überholte Holzdecken, von den Möbeln ganz zu schweigen – oh **Shrek**.

„Schön und gut", werden Sie sagen, „wir wollten ja längst mal renovieren, aber das wäre **der Untergang**: Der viele Dreck, monatelang Chaos und die Handwerker sind sowieso alles **wilde Kerle**, die pfuschen." Und genau das ist das Problem: Weil Sie ein uraltes Bild vom Bauen im Kopf haben, lassen Sie alle Ihre schönen Ideen **gegen die Wand** fahren. Dabei haben wir auf dem Bau längst **moderne Zeiten**. Reißen Sie auch im übertragenen Sinne die alten Tapeten von Ihren Wänden. Fröhliche Farben, belebender Lehmputz, attraktive Fliesen, moderne Verglasungen und dazu eine einzigartige Einrichtung inklusive Stilberatung. So kann Ihr Konzept aussehen. Ein kompletter Haus-Umbau mit neuem Dach, neuen Fenstern und allem Pipapo dauert mit geschulten Handwerkern maximal **neuneinhalb Wochen**. Es gibt Handwerker, die schaffen ein Bad in nur **48 Stunden**.

Kürzlich fragte mich eine etwa sechzigjährige Dame, ob es sich überhaupt noch lohne, in ihr Haus zu investieren. Wäre es wirklich **ein unmoralisches Angebot**, wenn man ihr zeigen würde, mit welcher Kreativität auch alte Häuser wieder zum Leben erweckt werden?

Wenn die Dame 90 ist, hat sie noch 30 Jahre so gelebt, wie sie es sich erträumt hatte. Eine **Mission Impossible** gibt es nur im Kino. Im echten Leben ist alles möglich.

Die „Silver Generation" und die „Best Ager" (so bezeichnet die Werbebranche Leute, die sich in der zweiten Lebenshälfte befinden) fahren flotte Cabrios mit Bordcomputer, sind längst iPod-kompatibel und leisten sich die jährliche Kreuzfahrt mit Schicki-Micki-Klamotten. Jetzt, da die Kinder aus dem Haus sind, kann man sich ja ruhig mal was leisten und die Nachbarn dürfen gerne ein bisschen neidisch werden. Doch zu Hause der **Nebel des Grauens**: Hauptsache es regnet nicht rein. Das passt nicht zusammen.

Wenn Ihnen heute jemand skizziert, wie Ihre neue Küche, Ihr neues Wohnzimmer, das ganze Haus aussehen könnte, gebe ich Ihnen einen Tipp: zögern Sie nicht lange. Werden Sie zum **Jäger des verlorenen Schatzes**. Ich bin sicher: Nicht nur **manche mögen's heiß**, sondern fast alle würden etwas mehr Pfeffer in den eigenen vier Wänden verkraften. Was hält Sie davon ab? Angst vor der Umbau-Aktion? Nehmen Sie's sportlich: der Weg ist das Ziel. Außerdem wissen Sie doch: **Das Leben ist eine Baustelle**. Also, warum stürzen Sie sich nicht ins Abenteuer?

Über 70 Prozent der Deutschen finden Wohneigentum klasse, aber nur 43 Prozent wohnen in den eigenen

4 Wänden. Das heißt, rund 11,4 Millionen Mieterhaushalte würden gerne bauen, trauen sich aber nicht. Warum ist das so? Alles **Keinohr-Angsthasen**! Zins und Tilgung zu zahlen ist heute oftmals billiger als Monat für Monat Miete hinzublättern.

Der Clou für Hauseigentümer: Zins und Tilgung fürs energiesparende Modernisieren inklusive Frischzellenkur fürs Innenleben lassen sich fast vollständig mit staatlichen Zuschüssen und eingesparten Energiekosten finanzieren. Klingt wie „**Deutschland, ein Sommermärchen**", ist aber die Wahrheit. Und eine ganz bequeme dazu. Denn mit Ihrer Energiespar-Komplett-Umbau-Aktion retten Sie auch noch das Klima. Am Nordpol und in den eigenen vier Wänden.

ENERGIESPAR-TIPP:

Was ist eigentlich ein 3-Liter-Haus? Was ein 3-Liter-Auto ist, das wissen Sie. Das ist ein Auto, das 3 Liter Benzin oder Diesel pro 100 Kilometer verbraucht. Ein 3-Liter-Haus verbraucht jährlich 3 Liter Heizöl pro Quadratmeter beheizte Wohn- und Nutzfläche. Übrigens: Da in einem Liter Heizöl genau wie in einem Kubikmeter Erdgas rund 10 Kilowattstunden (kWh) Energie enthalten sind, nennt man auch Häuser mit einem jährlichen Verbrauch von 3 Kubikmetern Gas „3-Liter-Haus". Schade nur, dass es so unglaublich wenige 3-Liter-Häuser gibt. Denn beispielsweise liegt der Gesamtverbrauch einer gewöhnlichen 3-Liter-Doppelhaushälfte mit rund 130 Quadratmeter Wohnfläche gerade mal bei 390 Liter Heizöl/Kubikmeter Gas pro Jahr. Wieviel benötigt Ihr Haus?

Das deutsche Durchschnittshaus ist ein 22-Liter-Haus, manche Häuser gehören sogar der Kategorie 30-Liter-Haus an (würden Sie sich ein Auto mit einem Benzinverbrauch von 30 Litern pro 100 Kilometer kaufen?). Die Energieeinsparverordnung stuft seltsamerweise 7-Liter-Häuser als energiesparende Neubauten ein, obwohl man längst 3-Liter-Häuser ohne großartigen Aufwand bauen kann. Der amtliche Energieausweis sagt in erschreckender Weise sogar, ein 20-Liter-Haus sei „energetisch gut modernisiert", obwohl man recht einfach einen Altbau zum 7-Liter-Haus machen kann. Naja, Hauptsache ist, Sie wissen, was ein 3-Liter-Haus ist, und dass 3-Liter-Häuser heutzutage keine Hexenwerke mehr sind.

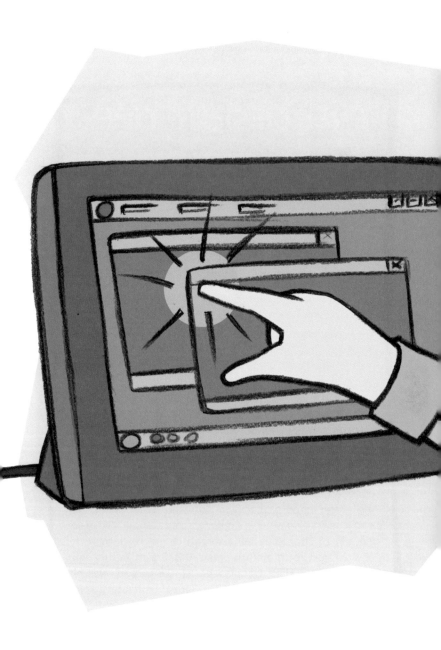

ZUKUNFTS-TECHNOLOGIE

Wenn sehr gebildete Leute bei uns Normalos so richtig Eindruck schinden möchten, dann verwenden sie gern Begriffe, deren Bedeutung wir garantiert nicht kennen, und die bei uns tiefste Hochachtung vor so viel Oeuvre hervorrufen sollen. Amüsant wird es für den Ohrenzeugen, wenn er die inhaltliche Basis eines Fremdwortes kennt – der Aussprechende jedoch eindeutig nicht. Ein Klassiker ist ...

... in diesem Zusammenhang das Wort „rational", wenn es als Synonym für „rationell" verwendet wird – und umgekehrt.

In unserer Sprache gibt es aber – Gott sei Dank – in der überwiegenden Zahl Wörter, deren Bedeutungen sich selbst erklären. „Badehose", „Waschmaschine", „Schornsteinfeger" und so weiter. Verrückt wird dieses Thema, wenn alle Menschen selbsterklärende Wörter verwenden und damit aber etwas komplett anderes meinen. Beispiel gewünscht? Bitte schön: „Gebäudemodernisierung". Darin steckt zwar die Wortbedeutung „etwas modernisieren", „modern machen", aber bei einer Gebäudemodernisierung wird alles gemacht, nur nichts modernisiert. Denn innovative Technologien werden so konsequent nicht umgesetzt, dass man das Wort „Gebäudemodernisierung" besser in „Gebäudereparatur" umtauft.

Wenn Sie den Inhalt Ihres Kleiderschranks modernisieren, dann sortieren Sie die alten, unmodernen Klamotten aus und ersetzen alles gegen eine zeitgemäße Garderobe. Wenn Sie hingegen Ihren Kleiderbestand reparieren, wird eventuell der kaputte Reißverschluss einer Achtziger-Jahre-Jeans ausgetauscht (lateinisch reparare: wieder herstellen).

Wie muss es denn nun heißen? „Gebäudemodernisierung" oder „Gebäudereparatur"? Mal direkt gefragt:

Wie viele „modernisierte" Wohnhäuser kennen Sie, die eine mitdenkende Elektroinstallation haben oder mit Dachfenstern ausgestattet sind, die sich bei einem Gewitterregen selbstständig schließen? Verfügt Ihr Haus oder Ihre Wohnung über Bildschirme („Touch-Screens") zur Haustechnikprogrammierung?

Wer bei solchen „Zukunftstechnologien", die übrigens „Gegenwartstechnologien" heißen müssten, im Kopf bereits den Stecker zieht und abschaltet, wertet damit seine Immobilie drastisch ab. Versuchen Sie mal, ein Auto ohne Klimaanlage und Airbag zu verkaufen. Genauso haben künftig auch nur High-Tech-Häuser einen guten Wiederverkaufswert. Technische Errungenschaften sind nämlich kein überdrehter „Schnick-Schnack", keine überflüssige Spielerei. Im Gegenteil: Computer- und handygesteuerte Häuser sind für die nachwachsende Generation das Normalste auf der Welt. Ein heute Achtzehnjähriger, der in 15 Jahren ein gebrauchtes Haus kaufen möchte, wird sich nicht für ein Uralt-Gebäude entscheiden, bei dem man die Rollläden noch über einen Gurt bedient und bei dem die Heizung außer einer Nachtabsenkung keine individuelle Programmierung zulässt.

Schon heute faszinieren einfachste Techniken, wenn es zum Beispiel um Lichtstimmungen geht. Mit einem einzigen Tastendruck verwandelt sich die Festbeleuchtung in romantisches Kuschel-Licht und über die „alles-aus"-

Taste wird sichergestellt, dass nirgendwo im Haus eine Lampe unnötig über Nacht Energie verbraucht. So gesehen hat diese Technologie auch etwas Notwendiges.

Die drei Grundbedürfnisse „Nahrung, Kleidung, Dach überm Kopf" haben sich vom spartanischen Überlebenszweck zum regelrechten Kulturfeuerwerk mit purer Lebensfreude entwickelt. Zumindest für die, die dafür eine emotionale Antenne haben. Aus den Küchen und Speiseplänen der Nachkriegszeit hat sich eine kulinarische Vielfalt entwickelt, auf die niemand mehr verzichten möchte. Allein schon die asiatische Küche ist ein rauschendes Fest für die Geschmacksknospen unserer Zungen. Man könnte es „Wok'n'Roll" nennen.

Bei der Kleidung ist es nicht anders. Was wir heute in unseren Schränken haben, ist viel mehr als nur Körperbedeckung und Wetterschutz. Von luftgepolsterten Joggingschuhen über reflektierende Sicherheitskleidung bis zu atmenden Winterjacken. Selbst die mobile Stereoanlage in der Hosentasche mit Mini-Boxen, die man sich ins Ohr stöpseln kann, gehört inzwischen irgendwie zur Kleidung dazu.

Auch beim vierten Grundbedürfnis („Mobilität") ist Innovation längst All(rad)tag. Navigationssystem, Scheibenwischer, die sich der Regenfrequenz anpassen, Reifen, die sich zu Wort melden, wenn ihnen die Luft ausgeht, die Anzeige von Durchschnittsgeschwindigkeit und Benzinverbrauch oder der zuverlässige „Du-hast-Dich-noch-nicht-angeschnallt"-Warnpiepser: Überall „Technik hoch 10" und es scheint, als könnten wir gar nicht genug davon bekommen.

Nur beim Haus, der wichtigsten Investition unseres Lebens, leben wir im Mittelalter. Ein paar Lichtschalter, ein paar Steckdosen. Fertig, aus! Dabei ist die Entwicklung beim Bauen und Wohnen genauso spannend verlaufen wie bei der Nahrung, der Kleidung und der Mobilität. Bauen und Wohnen sind Lifestyle und Lebensfreude – wenn wir uns nur trauen würden.

Warum wird Bauen so oft nur auf die Zweckmäßigkeit reduziert, die sich rechnen muss? Wir verbringen mehr Zeit im Haus als im Auto. Wir verbringen mehr Zeit mit Wohnen als mit Essen. Bauen und Wohnen sind das pure Leben. Oder besser gesagt: könnten das pure Leben sein – genau wie Kochen, stilvolle Klamotten, schnittige Autos. Bauen und Modernisieren müssen sich endlich mit der Architektur verschmelzen – und zur High-Tech-Lebens-Architektur werden.

Koch-Kultur und „Haute Couture" kennen wir längst. Wann übertragen wir dieses Lebensgefühl endlich aufs Wohnen? Entdecken Sie bei Ihrer Modernisierung, dass unsere Profi-Handwerker und Haustechniker genauso viel auf der Pfanne haben wie Koch-König Tim Mälzer.

DEN BEGRIFF "AMORTISATION" GIBT ES NICHT MEHR

Früher, als die Energiepreise noch im Keller waren und das Thema Klimaschutz noch keines war, gab's schon Leute, die sich ernsthaft mit Wärmedämmung und der Nutzung alternativer Energien angefreundet hatten. Diese Bauherren mussten oft die eine Frage beantworten: „Ab wann rechnet sich eine ...

... Wärmedämmung?" Oder: „Wann amortisieren sich Sonnenkollektoren?" Man muss wissen: „Amortisieren" bedeutet „das allmähliche Abtragen einer Schuld". Wer also in Dämmung oder Solarnutzung investierte, musste zunächst Monat für Monat mehr bezahlen als jener, den dieses Thema kalt ließ. Doch von dem Moment an, an dem Dämmung und Kollektoren abgezahlt waren, profitierte man durch eingesparte Energiekosten. Nun hatte sich die Investition amortisiert.

Wer seine Energiespar-Entscheidung in den Achtzigern in die Praxis umgesetzt hatte, der war rund zehn Jahre später im grünen Bereich, sprich „in den schwarzen Zahlen". Inzwischen waren die Energiepreise gestiegen, die Investition war abgezahlt, und man stand besser da als jene, die nichts unternommen hatten. Übrigens: Viele der Energiespar-Bauherren von damals melden sich heute zu Wort und fragen völlig zu Recht, warum es immer noch Hauseigentümer gibt, die das Thema „Energieeinsparung und Nutzung alternativer Energien" links liegen lassen. Die Antwort ist ganz einfach: Die Aussagen „Wärmedämmung rechnet sich nicht" und „eine Solarthermie-Anlage amortisiert sich erst nach 15 Jahren", sind in den Köpfen regelrecht festbetoniert – obwohl sie völlig überholt sind.

Denn es haben sich drei Punkte entschieden verändert: Die Energiepreise steigen immer weiter, die Energiespar-Technologien sind billiger geworden und – ganz wichtig – fürs energiesparende Bauen und Modernisieren gibt es kräftige Finanzspritzen von Vater Staat (sprich: die Fördertöpfe sind randvoll). Im Klartext: Jede sinnvoll und professionell geplante und finanzierte Energiesparmaßnahme rechnet sich von Anfang an. Der Begriff „Amortisation" kann in diesem Zusammenhang ersatzlos gestrichen werden.

Beispiel 1: Die Verbesserung der Dämmung eines Daches verursacht bei der Modernisierung eines Ein- oder Zweifamilienhauses Kosten in Höhe von geschätzten 6.000 Euro. Die monatliche Abzahlungsrate aus Zins und Tilgung liegt für diese Dämmung bei ca. 20 Euro pro Monat (Annahme: anfänglicher Jahreszins des Förderdarlehens 2 Prozent, 2 Prozent anfängliche Tilgung).

Jetzt der Hammer: Die Energiekosten, die man mit der Zusatzdämmung einsparen kann, schlagen in diesem Beispiel mit etwas mehr als 30 Euro pro Monat zu Buche, wenn man einen günstigen Energiepreis von 60 Cent pro Liter Heizöl annimmt.

Für Skeptiker hier der Rechenweg: Man nimmt die U-Wert-Differenz zwischen der alten und der neuen Dämmung ($0,80$ W/m²K – $0,20$ W/m²K = $0,60$ W/m²K), multipliziert das Ganze mit den Quadratmetern des Daches (sagen wir mal 120 m²) und mit dem Faktor 84. Ergebnis: 6.048 Kilowattstunden pro Jahr (kWh/a) lassen sich einsparen (entspricht rund 672 Kubikmetern Gas, 605 Litern Heizöl).

Wer nichts unternimmt, verheizt allein über das Dach in diesem Beispiel etwa 10 Euro pro Monat mehr. Das Ergebnis wird noch extremer, wenn die Energiepreise wieder steigen! Fazit: Eine neue Dämmung im Dach rechnet sich vom ersten Tag an (nix Amortisation!).

Beispiel 2: Photovoltaik-Anlage. Die Technik ist so weit ausgereift, dass bei optimaler Ausrichtung der Solarzellen so viele Kilowattstunden Strom produziert und ins Netz eingespeist werden können, dass die Einspeisevergütung höher ausfällt als die monatlichen Kosten für Zins und Tilgung. Das heißt, von der ersten Sekunde an verdient die Anlage Geld. Von „Amortisation" kann auch dort keine Rede mehr sein. Zugegeben, anfangs verdient man noch relativ wenig Geld mit der Sonne (grob geschätzt einen knappen Euro pro Quadratmeter Modul-Fläche und Monat). Wenn aber die Anlage nach 12 bis 14 Jahren abgezahlt ist, kann man die komplette Einspeisevergütung behalten. Das sind – je nach Größe der Anlage – einige Tausend Euro pro Jahr.

Fazit: Heute stellt man sich also nicht mehr die Frage, wann sich eine Maßnahme amortisiert hat, sondern man muss sich fragen, ab wann der, der nichts tut, kollabiert. Nämlich aufgrund ständig steigender Energiekosten und entgangener Gewinne aus der Nutzung alternativer Energien. Aus dem „Amortisieren" wird ein „Mortisieren": Und das bedeutet „Sterben" (lat. mors: der Tod).

ENERGIESPAR-TIPP:

Die Hitparade der Energiesünden. Würde es im Fernsehen eine „Chart-Show der größten Energiesünden" geben, hätten folgende Schludrigkeiten große Chancen.

Platz 10: Heizkörper mit Vorhängen und Möbeln zustellen – bremst die Wärmeabgabe ins Zimmer.

Platz 9: Wäsche zum Trocknen auf den Heizkörper hängen – bremst ebenfalls die Wärmeabgabe ins Zimmer.

Platz 8: Schreibtisch in dunkle Ecke stellen – kostet unnötig Strom, weil's Tageslicht nicht genutzt wird.

Platz 7: Kühlschrank neben Herd stellen – Kühlschrank verbraucht mehr Strom als nötig.

Platz 6: Überflüssige Geräte kaufen und im Dauerbetrieb laufen lassen (z. B. Weinkühlschrank) – kostet unnötig Strom.

Platz 5: Heizkörper in ungedämmter Heizkörpernische – schnellstens die Heizkörpernische dämmen, spart dick Energie.

Platz 4: Mit Elektrolüfter die Wäsche trocknen – die Wäsche trocknet von ganz alleine auf der Leine.

Platz 3: Beim Flachbildschirmkauf nicht auf den Stromverbrauch achten.

Platz 2: Einscheibenverglasung nicht als Energieschleuder erkennen – Fenster, die nur eine Scheibe haben, gehören sofort ausgetauscht. Und jetzt – der ultimative

Platz 1: Heizen bei gekipptem Fenster.

REIHENHÄUSER UND RESIDENZEN

Freuen Sie sich schon aufs Altenwohnheim? Man muss keine Treppen mehr steigen, neben Toilette, Dusche und Badewanne gibt's bequeme Haltegriffe, und die Türen haben eine komfortable Breite von deutlich über einem Meter, so dass man auch mal zu zweit nebeneinander ins Zimmer gehen kann. Nicht schlecht. Mal ehrlich: Kein Mensch freut sich ...

... aufs Altenwohnheim, obwohl man dort allerlei Annehmlichkeiten erfährt, die man ein Leben lang nicht hatte. Jahrzehntelang quälte man sich über eine irrwitzig enge 90-Zentimeter-Reihenhaus-Treppe von Stockwerk zu Stockwerk, man akzeptierte, dass Türen lachhafte 60 Zentimeter schmal sind und wenn man auf der Toilette saß, stießen an der Wand gegenüber die Knie an.

Es ist doch paradox: Wir bauen uns in der mühsamsten Phase des Lebens Häuser, die uns den Alltag noch schwerer machen als er ohnehin schon ist. Wer sich mit 30 oder 35 Jahren eine Immobilie anschafft, zugleich noch in seinem Beruf Fuß fassen muss und dann parallel ein oder zwei (vielleicht auch drei) Kinder großzieht, der braucht doch Platz.

Wir quetschen auf Grundstücke, die für vier Reihenhäuser gedacht waren, mit Gewalt sechs Häuser und betrügen uns damit um ein bequemes Leben. Alles wird in der Ausführung „schmal und eng" gebaut. Da hilft es auch nichts, dass solche Hasenkisten neuerdings in „Wohnparks" liegen und auch noch – Achtung! – als „Residenz" angepriesen werden. Hunderttausende junge Familien checken in solchen unsozialen Brennpunkten ein.

Man möchte „Hilfe!" schreien und deutschen Bauherren einfach mal die Frage stellen, was eigentlich gegen eine Treppe von 1,10 Meter Breite spricht? Machen Sie doch mal den Test. Vermessen Sie in den nächsten Tagen sämtliche Treppen, die Sie benutzen. Sie werden feststellen, dass eine Treppenbreite von unter einem Meter eine Zumutung ist. Treppenbreiten von über einem Meter haben dagegen etwas Komfortables bis Herrschaftliches (ab 1,20 Meter).

Ist Bauland heute wirklich so knapp, dass wir an 10 bis 20 Zentimetern im Treppenhaus sparen müssen? Müssen wir denn alles schlucken, was „der Markt" bietet? Dass „Hausbau" auch anders geht, erfahren wir mit je dem Altenwohnheim. Und raten Sie mal, wie breit da die Treppenhäuser sind. Auf einmal ist Bauland doch nicht mehr so knapp!

Ein ganz anderes Thema: Kennen Sie „Nordic Walking"? Was für eine Frage! Natürlich kennen Sie „Nordic Walking". Wenn man strammen Schrittes durch Felder, Wald und Wiesen geht und dabei diese modernen Gehhilfen benutzt, das ist „Nordic Walking". Natürlich heißen die Gehhilfen nicht Gehhilfen, sondern „Nordic-Walking-Sticks". Das klingt modern. Andere finden „Nordic Walking" einfach nur albern und sagen sogar, das sehe „voll behindert" aus, man würde ja „am Stock" gehen.

Mediziner sind sich jedoch einig: Das Gehen und Laufen mit Nordic-Walking-Stöcken ist nicht nur gut für Muskulatur und Skelett, sondern es ist auch sehr bequem.

Wir wollen jetzt natürlich nicht das „altengerechte Wohnen" oder das „behindertengerechte Wohnen" in „Nordic Living" umtaufen. Es hat aber schon etwas mit den Begrifflichkeiten zu tun, ob wir etwas mögen oder nicht.

Ins Altenheim möchte kaum einer, obwohl man dort sehr bequem leben kann. Deswegen verdienen Altenheime – wenn sie gut gebaut sind – auch die Bezeichnung „Residenz."

Jetzt mal ehrlich: Warum bauen wir nicht schon in jungen Jahren unsere Residenz? Mit breiten Treppen, breiten Türen, breiten Fluren, breiten Gäste-WCs. Es hat nichts mit „alt" oder „behindert" zu tun, wenn man sich das Leben barrierefrei und komfortabel gestaltet.

ENERGIESPAR-TIPP:

Thermostatventile austauschen. Es gibt Energiespartipps, die weit verbreitet aber wenig hilfreich sind. Wie dieser hier: „Wer die Raumtemperatur um nur ein Grad absenkt, kann rund 6 Prozent der Heizkosten einsparen." Dieser Tipp ist deshalb nicht praktikabel, weil kaum jemand die Temperatur gradweise regulieren kann und man ständig das Gefühl hat, die Behaglichkeit nimmt ab und Frieren wird zur Energiesparpflicht. Das Ziel jeder Energiesparmaßnahme sollte jedoch sein, ohne Komfortverlust Energie zu sparen.

Der Ansatz mit der niedrigen Raumtemperatur ist jedoch nicht ganz falsch. Weniger Heizen bedeutet natürlich zugleich weniger Heizkosten. Trick: Die Raumtemperatur nur dann absenken, wenn man den Raum nicht benutzt. Und das funktioniert optimal mit elektronischen, programmierbaren Thermostatventilen am Heizkörper – jeder Heizkörper regelt sich künftig „von selbst": So geht beispielsweise die Temperatur im Bad schon am Vormittag wieder runter, im Wohnzimmer geht sie erst am frühen Abend rauf.

Ein weiterer Vorteil ist die so genannte „Fenster-auf-Heizung-aus-Automatik". Ein sensibler Fühler erkennt schnelle Temperaturunterschiede und schließt blitzartig den Heizkörper. Teure Wärme bleibt im Haus. Geschätzte Heizenergieeinsparung durch programmierbare Thermostatventile: fünf bis zehn Prozent. Programmierbare Thermostatventile gibt es schon ab etwa 40 Euro.

DER DURCHSCHNITTS-MODERNISIERER

Vor einiger Zeit lief auf einem Privatsender eine Reportage mit dem Titel „Der Durchschnitts-deutsche". Die Zuschauer erfuhren, dass er 1,71 Meter groß ist, dass er 146 Liter Kaffee pro Jahr trinkt und durchschnittlich 79,3 Jahre alt wird. Der Durchschnittsverdienst liegt bei 1.452 Euro netto im Monat und er schaut jeden Tag 208 Minuten ...

... Fernsehen. Sogar die durchschnittliche Kuschel-Quote wurde minutiös ermittelt.

Ach ja, und dann wurde noch erwähnt, dass er in einer 85,5 Quadratmeter großen Wohnung in einem Mehrfamilienhaus aus den Siebzigern wohnt. Und? Nichts und! Denn dort, wo die Reportage hätte richtig spannend werden können, war sie zu Ende. Okay, am Schluss stellte der Sprecher zwar noch die Frage, was denn die Zukunft dem Durchschnittsdeutschen wohl bringen mag. Die Antwort war sehr knapp: Die Lebenserwartung steigt, ebenso die Temperaturen und die Anzahl der Stürme.

Also haben wir mal selbst nachgerechnet, wie die „Zukunft des Durchschnittsdeutschen" aussieht oder aussehen könnte. Los geht's:

Der Durchschnittsdeutsche verheizt in seinem Leben 78.922,3 Kubikmeter Gas (oder 71.030,1 Liter Heizöl). Er beschäftigt sich täglich 1,18 Sekunden mit dem Thema „Energieeinsparung" und er hat 0,01 Energieausweise. Würde der Durchschnittsdeutsche nur 10 Minuten täglich weniger Fernsehen und sich in dieser Zeit um die energetische Modernisierung seines Hauses kümmern, wären das in einem Jahr allein 60,8 Stunden. Diese Zeit genügt, um sich ausreichend schlau zu machen. Jeder Deutsche würde dann wissen, dass es insgesamt rund 4 Milliarden Euro Fördermittel für die eigene Hausmodernisierung gibt. Das sind pro Bundesbürger 48,66 Euro oder pro Haushalt etwas mehr als 100 Euro. Sie haben Recht: das ist nicht viel.

Okay, dann wollen wir halt nur, dass jeder Zweihundertste weniger Fernsehen schaut und sich in dieser Zeit über energiesparendes Modernisieren informiert. Das entspricht dann recht genau 411.000 Haushalten. Jeder Haushalt bekäme dann rein rechnerisch 9.732 Euro geschenkt (tatsächlich betragen die aktuellen Tilgungszuschüsse der KfW-Förderbank bis zu 9.375 Euro, wenn man seine Modernisierung mit einem Darlehen finanziert. Wer mit eigenem Geld modernisiert, bekommt bis zu 13.125 Euro geschenkt).

Deutschlands Handwerker könnten es gut schaffen, diese 411.000 Haushalte innerhalb von einem Jahr so zu modernisieren, dass der Energieverbrauch um bis zu 90 Prozent reduziert wird. Übrigens: Wenn man tatsächlich insgesamt 60,8 Stunden Zeit ins „Sich-Schlau-Machen" investieren würde, um mindestens 9.375 Euro Zuschüsse zu bekommen, wäre das ein Stundenlohn von ziemlich genau 154 Euro. Steuerfrei!

Doch die Bilanz wird noch besser: Der Durchschnittsmodernisierer, der heute 42,5 Jahre alt ist, lebt noch genau 36,8 Jahre. Er spart ab sofort bis zu seinem Tode 32.962 Kubikmeter Gas oder 29.666 Liter Heizöl. Da in jedem Haushalt durchschnittlich 2,1 Personen wohnen, spart jeder energetisch modernisierte Haushalt in den nächsten 36,8 Jahren rund 100.000 Euro Energiekosten (Annahme: der durchschnittliche Energiepreis liegt in den nächsten 36,8 Jahren bei 1,50 Euro pro Kubikmeter Gas oder pro Liter Heizöl – er wird vermutlich höher liegen).

Nach durchschnittlich 20 Jahren ist jedes Modernisierungsdarlehen abgezahlt, rund 30.000 Euro bleiben letztlich pro Haushalt als Gewinn übrig. Auf die Restlebenszeit von 16,8 Jahren verteilt, sind das 1.785 Euro pro Jahr oder 148 Euro pro Monat. Sozusagen als „automatische Rentenerhöhung". Wie hoch fiel eigentlich die letzte Rentenerhöhung aus? 1,71 Euro pro Monat? Kommt nach der Riester- und der Rürup- jetzt bald die Energiespar-Rente? Einfach zu verstehen, nichts einzahlen, dick profitieren.

Nun, es gibt ein großes Problem: Der Durchschnittsdeutsche wird nicht bereit sein, 10 Minuten pro Tag weniger fernzusehen. Wenn man allerdings diesen Text im Fernsehen vorlesen würde ... hmmm ... Man müsste also einen Fernsehredakteur finden, der diesen Text in sein Programm einbaut. Allerdings darf dieser Redakteur eines nicht sein: Ein Durchschnittsredakteur.

Fußbodenheizung ist energieeffizienter als Heizkörper.
Ein elementarer Beitrag zum energiesparenden Modernisieren ist die Umstellung von Heizkörpern auf Fußbodenheizung. Denn durch die größere Wärmeabstrahlfläche kann die Fußbodenheizung mit deutlich geringeren Vorlauftemperaturen betrieben werden als normale Heizkörper: Wenn nämlich das Wasser im Heizungskreislauf nur auf 25 bis 30 Grad anstatt auf 50 bis 60 Grad erhitzt werden muss, führt das zu weiteren, erheblichen Energieeinsparungen.

Bisher war in Altbauten der Schritt zur Fußbodenheizung aufgrund der erforderlichen Bauhöhen von bis zu acht Zentimetern nicht möglich (Verlust an Raumhöhe, nicht zumutbare Reduzierung der Türhöhen, niedrigere Fensterbrüstungen und mehr). Neuerdings gibt es aber Fließestrich-Heizsysteme, die eine Bauhöhe von nur 20 Millimetern haben. Nun ist auch die Warmwasser-Fußbodenheizung bei der Sanierung locker machbar. Mögliche Bodenbeläge auf solch dünnen Heizestrichen sind beispielsweise Fliesen, Laminat und Parkett.

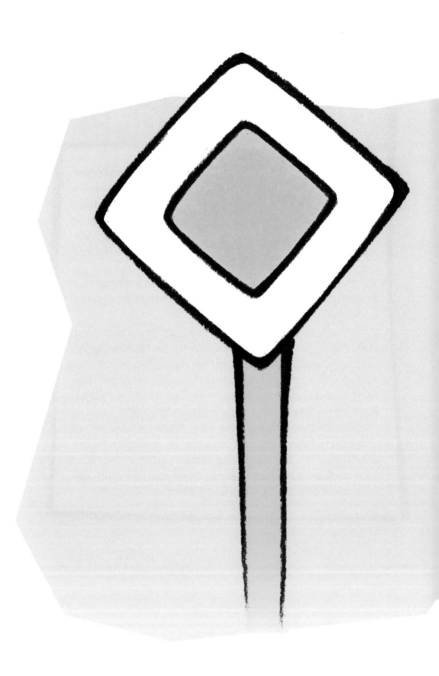

KEINE KOMPROMISSE

Einer meiner besten Freunde sagt immer: „Was der Bauch längst entschieden hat, wird der Kopf schon verargumentieren." Als ich das zum ersten Mal hörte, dachte ich nur: „verargumentieren? – Was für ein seltsames Wort!" Inzwischen steht für mich „verargumentieren" als Synonym für eine Wesensart, die fast jeder in sich trägt: Man traut sich nicht ...

... zuzugeben was man von Herzen begehrt. Nein, man muss argumentieren. Warum eigentlich? Die Wahrscheinlichkeit, dass Sie – die Leserin oder der Leser dieses Buches – auch zur Gattung der „Verargumentierer" gehören, schätze ich (rein aus dem Bauch heraus) auf 98 Prozent. Habe ich Recht? Gehören Sie dazu? Ich vermute den Prozentsatz bei 98 Prozent, weil ich kaum jemanden kenne, der seine Wünsche einfach als Herzensangelegenheit präsentiert. Immer gibt es „gute Gründe".

Übrigens: Ich bin auch nicht besser. Vor einiger Zeit entdeckte ich eine sündhaft teure, völlig abgedrehte Küche, in die ich mich sofort verliebte. Das Design: Ein Traum.

Erstes Problem: Ich hatte schon eine Einbauküche. Zweites Problem: Ich kann gar nicht kochen. Jetzt hätten Sie mal meine Argumente hören sollen. Meisterklasse der „Verargumentierer". Heute frage ich mich, warum ich nie gesagt habe, „Die will ich haben! Fertig!" Ich bin mit dieser Küche Monate „schwanger gegangen" (sagt man ja so – hat ja auch was mit „Bauchgefühl" zu tun) und dann war sie da. Ich erfreue mich seitdem jeden Tag an dieser Küche, und inzwischen habe ich sogar kochen gelernt (macht mir richtig Spaß). Das Bauchgefühl war also richtig.

Weil innenarchitektonisch nichts zur neuen Küche passte, baute ich letztlich das ganze Haus um. Neue Fenster, neue Fliesen und so weiter. Das Küchen-Design ist nach meinem Gefühl so perfekt, da musste der Rest halt angepasst werden. Ich fragte mich während des Umbaus, warum ich vor 15 Jahren beim Hausbau so viele Kompromisse eingegangen bin. Lag es daran, weil wir damals einfach nur „ein eigenes Haus" wollten? Als Wertanlage, zur Absicherung, damit wir keine Miete mehr zahlen müssen, damit die Kinder eigene Zimmer haben. Fällt Ihnen etwas auf? Alles wenig wahre Gründe. Alles vorgeschobene Kopf-Argumente. Fatal, wenn von den Bauch-Argumenten nur noch Kopf-Argumente übrig bleiben.

Früher hätte ich mich nie getraut, zu sagen, dass ich einfach super-toll wohnen will: „Und weil es eine so individuelle Wohnung, wie ich sie will, auf dem Markt der Miet-Immobilien nicht gibt, muss ich eben ein Haus bauen." Ich gebe zu: Ich hatte die negativen Reaktionen all jener gefürchtet, die sich selbst ihre eigenen wahren Wünsche nie erfüllt haben. Und das sind – so schlimm es ist – fast alle.

Im Gehirn gibt es das „Belohnungszentrum". Immer wenn wir uns einen Wunsch erfüllen, fühlt es sich gut an, es werden „Glückshormone" ausgeschüttet. Diesen Effekt nutzt übrigens die Werbung schamlos aus, um uns Sachen anzudrehen, die wir gar nicht wollen. Wer aber auf seinen Bauch hört anstatt auf die Werbung, hat einen wirklich verlässlichen Ratgeber.

Vielleicht sind die eigenen Bauch-Wünsche nicht massentauglich, dafür machen sie aber glücklicher. Probieren Sie es aus: Gehen Sie durch Ihr Haus: Verspüren Sie Glücksgefühle? Wenn nicht, blättern Sie Wohnzeitschriften durch, gehen Sie in Musterhaus-Ausstellungen, besuchen Sie Freunde und Verwandte, schlendern Sie durch Möbelhäuser.

Wenn Ihr Bauch anspringt, seien Sie aufmerksam. Je älter man wird, umso weniger akzeptiert man Kompromisse. Ob Sie eine Alpenpanorama-Tapete möchten oder einen mediterranen Rauputz, ob Sie von einer rustikalen Sitzecke mit Häkeldeckchen träumen oder vom zeitlos gestylten Zweisitzer aus Leder: Entscheiden Sie sich gegen jeden Kompromiss.

Oder anders ausgedrückt: Was der Bauch längst entschieden hat, muss nicht verargumentiert werden.

ENERGIESPAR-TIPP:

Alte Heizungspumpen pumpen die Stromrechnung auf.
Einen großen Anteil an der Stromrechnung hat die alte
Umwälzpumpe am Heizkessel, die pausenlos auf Hochtou-
ren läuft, um das erwärmte Wasser übers Rohrnetz in die
Heizkörper oder zur Fußbodenheizung zu transportieren.
Falls Zirkulationsleitungen fürs warme Brauchwasser existieren, läuft eine weitere Pumpe – auch im Sommer. Je grö-
ßer und älter diese Pumpen sind, desto mehr Energie ist
für ihren Betrieb erforderlich. Die Energieverschwendung
dieser Pumpen wird meist unterschätzt, da diese kleinen
Geräte unbeobachtet abseits des normalen Alltags im Dauerbetrieb laufen.

Obwohl der Verbrauch einer überdimensionierten, nicht
optimal eingestellten Heizungspumpe bis zu 20 Prozent
der gesamten Stromkosten im Privat-Haushalt ausmachen
kann, scheuen viele Hauseigentümer den Weg zum Fachmann. Das ist bedauerlich, denn eine alte überdimensio-
nierte Pumpe lässt sich relativ einfach gegen eine geregel-
te Pumpe mit 25 Watt oder eine hocheffiziente Pumpe mit
nur 7 bis 10 Watt austauschen. Während die ungeregelte
Pumpe bis zu 100 Euro jährlich an Stromkosten verschlingt,
schlägt ihr hocheffizienter Nachfolger gerade mal mit 16
Euro zu Buche.

KLARE SACHE: FASSADEN- DÄMMUNG RECHNET SICH

Wer mit der Bahn fährt, kann viele interessante Menschen kennen lernen. Die Einstiegsfragen sind meist „Wo kommen Sie her?", „Wo fahren Sie hin?" und „Was machen Sie beruflich?". Oft ergeben sich daraus sehr tiefsinnige Gespräche. So wurde ich kürzlich aufgefordert, nachdem ich Auskunft über meinen Beruf gegeben hatte, mit nur einem Satz glasklar zu sagen, wofür eigentlich eine Fassadendämmung am Haus notwendig sei. Ich erwiderte: „Erklären Sie mir ...

... mit einem Satz, warum Sie im Winter einen Mantel anziehen." Damit war die Sache klar. Den Dialog, der daraus entstand, habe ich stark gekürzt aufgeschrieben.

Zuerst wollte ich wissen, warum mein Gegenüber auf seine Frage zur Fassadendämmung nur einen Satz hören wollte. Der Mann antwortete sehr klug: „Dinge, die eindeutig sind, kann man schnell beantworten. Dinge die strittig sind, muss man lange erklären und diskutieren." Nun kam ich in Fahrt: „Das bedeutet, dass Sie grundsätzlich der Meinung sind oder zumindest waren, dass man über den Sinn einer Fassadendämmung streiten könne." Und dann hörte ich etwas, das ich aus all meinen Vorträgen bereits kenne: Dass eine Fassadendämmung die Atmungsaktivität der Wand einschränke, dass das Raumklima von Dämmplatten negativ beeinflusst würde, dass man für die Herstellung der Wärmedämmung ja wohl mehr Energie aufbringen müsse, als man mit Wärmedämmung einsparen kann und dass sich eine Wärmedämmung rein wirtschaftlich überhaupt nicht lohne.

Mir wurde mal wieder klar: Selbst Menschen mit einem hohen Bildungsstand (der Herr im Zug war Apotheker) tragen ein Leben lang bautechnisch unsinnige Vorstellungen mit sich herum und werden von keiner Seite aufgeklärt. Schnell hatte ich erzählt, dass eine Wand nicht atmen kann, dass man damit die Wasserdampfdiffusion meint, und dass die auch bei einer richtig gedämmten Fassade wunderbar funktioniert. Zum Raumklima betonte ich, dass man sich gerade in einem gedämmten Gebäude wohl fühlt, weil die Oberflächentemperatur der Außenwände auf der Raumseite deutlich höher ist als bei schlechten Altbaumauern.

Schließlich rechnete ich noch die Wirtschaftlichkeit einer Fassadendämmung vor und erzählte von den vielen Fördertöpfen, die es für energiesparendes Bauen und Sanieren gibt. Ich bekam nur ein ungläubiges „Wirklich?" zu hören. Ich musste mal wieder einsehen, dass diese grundsätzlichen Informationen noch lange nicht in allen Köpfen sind. Da wird monatelang über Klimawandel und Energiesparen diskutiert, Politiker reden sich den Mund fusselig, aber die Lösung, die doch so einfach und glasklar ist, wird nicht ausgesprochen. Wie sagte doch der Mann im Zug? „Dinge, die eindeutig sind, kann man schnell beantworten. Dinge die strittig sind, muss man lange erklären und diskutieren." Das ist es: Unsere Politik informiert nicht zu wenig, sondern zu viel. Wir brauchen keine 60-Minuten-Talkshow zum Thema „Klimaschutz – was kann ich tun?", sondern eine 1-Minuten-Talkshow. Die geht dann etwa so: „Wie können wir das Klima schützen?" Antwort: „Durch die Reduzierung des Treibhausgases CO_2. Also am besten Energie sparen und überall dort, wo es heute schon geht, auf Öl und Gas verzichten." Frage: „Wie spart man am sinnvollsten Energie?" Antwort: „Im Bereich ‚Wohnen' mit einer perfekten Gebäudedämmung und mit einer effizienten Heiztechnik und im Bereich ‚Verkehr' mit dem Benutzen öffentlicher Verkehrsmittel …"

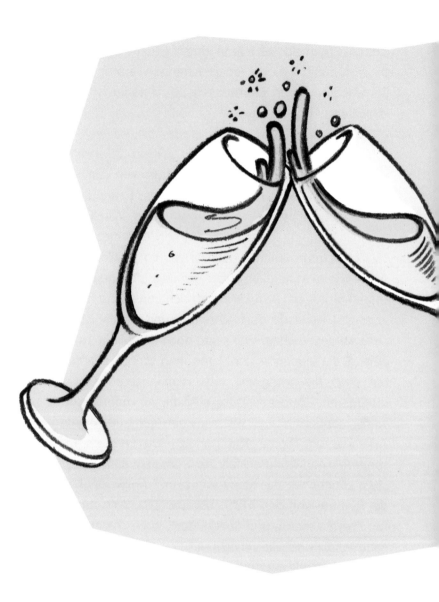

GUTE VORSÄTZE

Wenn alljährlich am 1. Januar um 0.00 Uhr leuchtende Feuerwerksraketen den Himmel verzaubern, ist der Zeitpunkt gekommen, an dem wir unwiderruflich dazu verpflichtet sind, unsere guten Vorsätze einzulösen: Mehr Sport treiben, weniger Computerspiele spielen, mit dem Rauchen aufhören. Es gibt kein Zurück mehr. Es ist ja auch zu …

... ärgerlich, dass wir schon vor Wochen überall herumgetönt haben: „Im neuen Jahr treibe ich mehr Sport und sitze weniger vorm Computer."

Dennoch: Ich bin fest davon überzeugt, dass es sehr gut ist, sich ab und zu ein paar Einschränkungen aufzuerlegen und seine eigenen Grenzen aktiv zu leben. Denn Grenzenlosigkeit führt geradewegs in den Untergang (viele superreiche Promis machen's vor: grenzenloses Geld und grenzenlose Schönheit führen oft ins Chaos aus Gewalt, Verbrechen und Drogen).

Da ist es völlig in Ordnung, sich seiner kleinen Laster bewusst zu sein und sich ab und zu ein wenig einzuschränken. Lässt man dann die Zügel wieder lockerer und treibt letztlich doch nicht mehr Sport und sitzt doch wieder häufiger vorm Computer, ist das keine Katastrophe – man pendelt in einem gesunden Bereich zwischen verdientem Genuss und gesundem Verzicht.

Nur in einem Punkt möchte ich hartnäckig eine klare Position beziehen. Es geht ums Rauchen. Und zwar um das Rauchen des Schornsteins. Angesichts der existenzbedrohend hohen Energiekosten und der klimazerstörenden Umweltbelastung, die zweifelsfrei durch das Verbrennen von Öl und Gas mitverursacht wird, gibt es einen Vorsatz, den jeder fassen sollte: Mein Schornstein hört ab sofort mit dem Rauchen auf. Ohne jede Diskussion.

Wollten wir nicht sowieso mehr Sport treiben und weniger vorm Computer sitzen? Vorschlag: Einfach mal zur Verbraucherzentrale joggen und Energiespar- und Fördermittel-Infos holen. Dann einen Energie-Gebäude-Check durchführen lassen und handeln. In drei bis vier Monaten kann alles unter Dach und Fach sein.

Achtung: Laufen Sie nicht in die hinterlistige Förderfalle der Öl- und Gasfraktion. Die mit Fördermitteln subventionierten Öl- und Gas-Heizkessel sollen Hauseigentümern den Kauf schmackhaft machen. Die Fördermittel zahlt man jedoch x-fach mit überhöhten Gas- und Ölpreisen in den nächsten Jahren zurück!

Denn auch die Energiekonzerne haben – aus ihrer eigenen Sicht – gute Vorsätze: Regelmäßige Energiepreiserhöhungen.

SICHERHEIT

Sicherheit rund ums Haus: Da denken die meisten Menschen an eine Art Festung: Hohe Gartenmauern, dicke Eisenstangen vor den Fenstern oder zumindest eine einbruchhemmende Verglasung. Ich meine, dass das Thema **„Sicherheit"** viel weiter geht. Klar: Häuser und Wohnungen müssen einen ...

... ausreichenden Einbruchschutz haben. Alles andere wäre Unfug. Denn eingebrochen wird immer. Aber haben Fenster und Türen nicht sowieso beste Gläser und Beschläge? Oder hat hier etwa auch „Geiz ist geil!" zugeschlagen? Apropos zugeschlagen: Neulich ist meiner netten Nachbarin die Haustür zugeschlagen. Sie hatte sich ausgesperrt. Da habe ich schimanskimäßig erstmals den „Scheckkartentrick" ausprobiert. Hoppla, nach 30 Sekunden war die Tür offen. Ich war selber überrascht. Seitdem schließe ich immer die Haustür ab: Der beste Sicherheitsbeschlag ist nur dann etwas wert, wenn die Tür zuvor verriegelt wurde. So einfach!

Alle 8 Minuten wird in Deutschland eingebrochen, habe ich mal gehört. Aber alle 5 Minuten wird in Deutschland eine Bodenplatte ohne Dämmung gebaut (100.000 Häuser pro Jahr, geteilt durch 365 Tage, geteilt durch 24 Stunden, geteilt durch 60 Minuten). Was das mit **„Sicherheit"** zu tun hat? Schlecht gedämmte Häuser sind mit **Sicherheit** in 30 Jahren schwerer verkäuflich als gut gedämmte. Jetzt bin ich endlich beim Thema. Denn: Eingebrochen wird in ein Haus *vielleicht*, ein Stück Vermögensbildung ist ein Haus aber *immer*.

Doch was ist, wenn das Haus eine so schlechte Qualität hat, dass man es nicht verkaufen oder ordentlich vermieten kann? In 30 Jahren, wenn die Energiepreis-Thematik komplett andere Dimensionen angenommen haben wird als heute, haben nur noch Energiesparhäuser

einen echten Wert. Häuser mit gedämmter Bodenplatte werden der Verkaufsschlager der 20er und 30er
Jahre sein. Schon heute erzielen schlecht gedämmte
Häuser nur noch unterdurchschnittliche Verkaufsprei-
se. Finanzielle **Sicherheit** im Alter funktioniert nur mit
einer hochwertigen Immobilie (also: pack' die Bodenplatte und das ganze Haus ein).

Noch ein Gedanke: Moderne BUS-Systeme, mit denen
man ein Haus vernetzt, werden vor allem von den über
Fünfzigjährigen belächelt: „Alles viel zu kompliziert. Ich
rufe doch nicht mit dem Handy den Backofen an." Und
so weiter.

Frage: Sollten wir nicht den Hausbau oder die Haussa-
nierung mit den Augen derer betrachten, die vielleicht
in 30 Jahren dort einziehen? Die Kinder, die heute 10
Jahre alt sind, wachsen mit Computern, Handys und Internet so selbstverständlich auf, dass sie sich in 30 Jahren mit einem BUS-gesteuerten Haus nicht nur schnell
anfreunden können, sondern sowas auch wollen. Ein
Riesen-Argument für den Werterhalt einer Immobilie!
Abgesehen davon, kann man mit so einem BUS-System
auch einen prima Einbruchschutz programmieren.
Passt doch!

WASSER, WELLNESS, POPO-WÄSCHE

Man mag ihn ja gar nicht mehr verwenden, den Begriff „Nasszelle". Selbst in Mini-Reihenhaus-Neubauten, in denen das Badezimmer bei weitem keine 10 Quadratmeter groß ist und die Bezeichnung „Zelle" durchaus angebracht wäre, vermitteln mitunter hübsche Armaturen, Massage-Duschen und gelegentlich sogar eine ...

... Dreiecksbadewanne eine zeitgemäß ansprechende Wellness-Atmosphäre.

Der Trend ist nicht zu übersehen. Seit Jahren schon sprudeln die Hersteller der Sanitär-Branche geradezu vor Ideen über. Die Innenarchitekten zaubern daraus immer wieder spektakuläre Wellness-Oasen, und die Bauzeitungen setzen das Ganze so ansprechend in Szene, dass jedem Bauherrn förmlich das Wasser in der Wanne zusammenläuft.

Seitdem nun auch Baumärkte und der Fachhandel mit attraktiven Bad-Beispielen im Maßstab eins zu eins ihre Ausstellungsräume fluten, gibt es kaum noch einen Hauseigentümer oder Wohnungsinhaber, der sich nicht denkt: Das will ich haben.

Hier gilt in doppeltem Wortsinne das lateinische Sprichwort „gutta cavat lapidem non vi, sed saepe cadendo" („steter Tropfen höhlt den Stein"). Das bedeutet hier: Steter Tropfen öffnet das Portemonnaie. Das ist ja auch in Ordnung: Denn wenn ein gutes Auto über 20.000 Euro kostet, darf – und das ist zu 100 Prozent ernst gemeint – auch ein Badezimmer 20.000 Euro Wert sein. Schließlich verbringt man in einem schönen Bad auch sehr viel Zeit.

Lassen Sie mich dennoch eine ganz leise Kritik äußern. Dreiecks-Badewannen, exklusive Whirlpools, Hightech-

Massageduschtempel und Designer-Armaturen spielen im Wellness-Badezimmer der Neuzeit die Hauptrolle. Ein Objekt kommt dabei jedoch fast immer zu kurz: Die Toilette.

Klar, über diese Art von Geschäft spricht man nicht so gerne, dabei verbirgt sich gerade dort der größte Aha-Effekt. Ich meine konkret die Toiletten mit der ganz speziellen Wasserspülung inklusive Fön. Ja, Sie haben richtig gelesen: Es gibt so genannte Dusch-WCs, die nach verrichtetem Geschäft den Haupt-Akteur mit einer wohltemperierten Unterbodenwäsche inklusive Warmluft-Trocknung verwöhnt. Mit solch Sanitär-Equipment wird eine „Nasszelle" endgültig zur Wellness-Oase.

Dass man das Dusch-WC zunächst vor allem im medizinischen Bereich eingesetzt hat (man denke nur an Menschen, deren Beweglichkeit eingeschränkt ist), ist typisch für eine Gesellschaft, die sich bei manchen Themen einfach nicht traut, die Dinge deutlich beim Namen zu nennen. Ich tue es einfach mal: Ein Dusch-WC ist für jedermann ein tagtägliches Erlebnis. Ich weiß, wovon ich schreibe. Natürlich war es seltsam, das erste Mal aufs Klopapier zu verzichten und den sonst täglich praktizierten Handgriff der dienstleistungsorientierten Toilette zu überlassen. Wer das aber alles einmal erlebt hat (inklusive stundenlang andauerndes Frischegefühl), der scheißt (pardon, das musste jetzt sein) auf die Investition in

Höhe von rund 3.000 bis 4.000 Euro. By the way: Ein Whirlpool ist auch nicht billiger! Frage: Was benutzt man häufiger? Na bitte!

Und noch eines darf man nicht vergessen: Der Reinigungsprozess ist natürlich programmierbar. Jeder Hausbewohner kann seine Lieblings-Vorwaschtemperatur und Nachföndauer einstellen. Eine Verlängerung der Sitzung (weil's so angenehm ist) ist nicht selten. Manche Leute lesen Zeitung dabei, mich hat's zu einem kleinen Gedicht angeregt:

Einen Luxus noch gönn ich mir:
Ein Dusch-WC. Und seitdem
Verzichte ich ganz aufs Klopapier –
Hygienisch und bequem.

ENERGIESPAR-TIPP:

So funktioniert ein Passivhaus. Es ist keine Kunst, Häuser ohne Heizung zu bauen. Die Kunst ist, dass es in Häusern ohne Heizung auch im kältesten Winter mollig warm wird. Ein Traum? Nein, schon lange nicht mehr. Solche Häuser, die ohne eigenes Heizsystem auskommen, nennt man „Passivhäuser" – und die funktionieren in Europa schon seit fast 20 Jahren.

Das Prinzip ist einfach: Die Gebäudehülle (Dach, Fenster, Fassade) ist so gut gedämmt, dass nur ganz wenig Wärme verloren geht. Und diese Wärmeverluste gleicht man hauptsächlich durch die tief stehende Wintersonne aus, die durch die großen, nach Süden ausgerichteten Fenster ins Haus scheint und so das Haus erwärmt. Passive Sonnen-Energienutzung nennt man das: daher auch der Name „Passivhaus".

Weiterhin wird im Passivhaus die so genannte „Abwärme" nutzbar gemacht: Wärme, die von Geräten, der Beleuchtung aber auch von den Bewohnern abgestrahlt wird, nutzt man zur Beheizung. Nur in sehr kalten Wochen, in denen die Sonne nicht durch die Wolkendecke hindurch kommt, wird über ein Nachheizregister der Lüftungsanlage (kontrollierte Lüftung mit Wärmerückgewinnung) die frische Zuluft auf Raumtemperatur aufgeheizt – das ist so ähnlich, als ob man einen Fön anschalten würde. Apropos Fön: es ist nicht fön, dass es immer noch so wenige Passivhäuser gibt. Liegt es an dem – zugegebenerweise – extrem dämlichen Namen?

ENERGIE-SPAREN MIT KÖPFCHEN

Haben Sie sich als Kind auch manchmal gewünscht, dass jeden Tag Weihnachten ist? Oder noch besser: jeden Tag Weihnachten und Geburtstag. Jeden Tag Geschenke, Kuchen und bunte Teller. Doof wäre nur, dass man dann auch jeden Tag einen Wunschzettel hätte schreiben müssen. Und was schreibt man dann da nur drauf, wenn man ...

... schon bald alles hat? Sich etwas wünschen, das man gar nicht will, bringt's ja auch nicht.

Lassen Sie uns diesen Gedanken weiterspinnen: Stellen Sie sich mal vor, es wäre jeden Tag Weihnachten und Geburtstag und Sie müssten Ihre Geschenke auch noch selber kaufen. Lassen Sie uns noch weitergehen: Sie müssten Ihr Geld auch noch für Geschenke hinblättern, die Sie gar nicht möchten. Jetzt werden Sie denken: „Was ist denn das für ein Unsinn, sowas gibt es doch gar nicht."

Gut, dann will ich Sie etwas anderes fragen: Wenn Sie abends im Wohnzimmer das Licht anknipsen, ist das ein Geschenk? „Nein", werden manche sagen: „Das ist normal." Ja, es ist normal, weil wir es jeden Tag haben. Waren Sie schon mal auf dem Campingplatz und hatten nur eine Taschenlampe mit Batterien dabei, die kurz vorm Schlappmachen waren? Plötzlich ist Licht viel wert und nicht normal. Oder denken wir an die armen Länder ... sind dort Licht und Strom normal? Nein, beides wäre ein Geschenk.

Weil bei uns Strom, Licht und warme Zimmer auch im dicksten Winter so normal geworden sind, ist deren Wertschätzung abhanden gekommen. Strom und Wärme sind in Wirklichkeit wie tägliche Geburtstags- und Weihnachtsgeschenke – die wir allerdings selbst bezahlen müssen.

Obwohl Strom und Wärme – oder sagen wir mal besser – obwohl Energie immer teurer wird, wir aber zugleich Energie gar nicht mehr als wertvolles Geschenk
zu schätzen wissen, denken wir auch gar nicht mehr
darüber nach, wo wir überall Energie kaufen, die wir
gar nicht brauchen: Wenn wir im Winter die Haustür
offen stehen lassen, dann heizen wir das Heizöl oder
Gas „aus dem Fenster" raus (in dem Fall besser gesagt
„aus der Tür"). Da könnten wir genauso gut auch gleich
unser Geld anzünden. Wenn wir das Licht im Zimmer brennen lassen, obwohl niemand im Zimmer ist,
kommt auch dafür irgendwann eine dicke Rechnung.
Oder wenn wir den ganzen Tag gleichzeitig den Computer und den Fernseher laufen lassen ... Fehlt nur noch,
dass die Kühlschranktür den ganzen Tag offen steht
und der Backofen nur so zum Spaß auf 200 Grad läuft.
So gesehen haben wir jeden Tag Weihnachten und Geburtstag und bekommen täglich Geschenke, die wir
aber gar nicht brauchen, obwohl wir dafür auch noch
viel bezahlen müssen. Grotesk!

Wäre es nicht viel klüger, alle Geräte und alle Lampen
mit Köpfchen zu benutzen? Nur dann, wenn man sie
wirklich braucht? Ich habe zwei Nachbarn. Der eine hat
einen supertollen Sportwagen. Mit dem fährt er zur
Arbeit, zum Bäcker und zum Fußball. Der andere hat
nur ein ganz altes Fahrrad. Aber einmal im Jahr leiht er
sich bei der Autovermietung einen niegelnagelneuen,
blitzeblankpolierten Sportflitzer aus.

Wer von beiden hat wohl mehr Spaß?

Ja, genau das ist es: Wer spart, hat mehr Spaß. Wer weniger hat, hat mehr. Mein Vater sagte immer: „Vorfreude ist die schönste Freude." Ich finde, das stimmt nicht so ganz, aber es ist was dran. Einmal im Jahr ist Weihnachten, einmal im Jahr hat jeder von uns Geburtstag. Da bekommt man Sachen, die man sich lange gewünscht hatte. Den Rest des Jahres sollte man darauf achten, dass man alle die Sachen, die man nicht braucht, auch nicht kauft: zum Beispiel Strom für Geräte, die man gar nicht benutzt, Wärme, um den Garten zu beheizen.

Beim Thema „Energiesparen" gibt es aber noch viel, viel mehr, was man tun kann. Witzig: Energiesparen ist ein bisschen wie Ostern. Allerdings sind es die faulen Eier, nach denen gesucht werden muss. So ein „faules Ei" ist zum Beispiel ein undichter Rollladenkasten oder es sind die ungedämmten Heizungsrohre im Keller oder das schlecht gedämmte Dach oder die alten, zugigen Fenster. Oder, oder, oder ...

Zusammengefasst kann man feststellen: Jeden Tag Weihnachten und Geburtstag ist nicht gut. Jeden Tag Ostern ist aber klasse. Viel Spaß beim Suchen der faulen (Energieverschwender)-Eier ...

ENERGIESPAR-TIPP:

Kann man sich Stromsparen angewöhnen? Ja, klar! Das Fatale an hohen Stromkosten sind die vielen Mini-Verschwendungen, die in der Jahresbilanz zu einer großen Summe führen. „Kleinvieh macht auch Mist" bewahrheitet sich auch hier. Aber dem kann man durch viele clevere Mini-Einsparungen begegnen. Zum Beispiel: beim Verlassen des Zimmers das Licht ausschalten. Aber es gibt noch mehr „Kleinvieh-Energiespartipps": Wenn man aus dem Büro geht, Geräte vom Netz trennen oder abschaltbare Steckdosenleisten nutzen (denn auch ausgeschaltete Geräte verbrauchen Strom), keine Handykabel in der Steckdose lassen.

Beim Kochen das Wasser immer nur mit Topfdeckel erhitzen. Dabei einen möglichst kleinen Topf wählen und die dazu passende Herdplattengröße aussuchen. Und weiter: Backen ohne Vorheizen, konsequent auf den Standby-Modus verzichten. Bis zu 100 Euro kann jeder Haushalt auf diese Weise pro Jahr nur durch Verhaltensänderungen sparen – ohne nennenswerte Komforteinbußen.

JEDER TAG IST EIN GLÜCKSTAG

Haben Sie schon mal einen 5-Euro-Schein auf der Straße gefunden? Ein tolles Gefühl! Man hebt ihn auf, denkt „was für ein Glückstag" und geht mit dem Geld vielleicht einen Kaffee trinken. Selbst wenn die Rechnung später 8 oder 10 Euro beträgt, ist man mit sich und der Welt zufrieden. Würden Sie sich auch für 500 Euro bücken? „Blöde Frage", ...

... denken Sie? Naja, so blöd ist sie gar nicht. Denn genau wie der 5-Euro-Schein liegen für jeden von uns 500 Euro quasi „auf der Straße" – aber niemand nimmt sie mit. Warum? Die Antwort ist sehr einfach: Weil sie niemand sieht.

Es gibt einen grandiosen Philosophenspruch: „Man sieht nur, was man weiß!" Den 5-Euro-Schein auf der Straße sieht man, man kennt seinen Wert, hebt ihn auf. Den 500-Euro-Schein, der auch „auf der Straße" liegt, sieht man deshalb nicht, weil man nicht weiß, dass es ihn gibt. Neugierig geworden? Dann lesen Sie mal weiter. Schön langsam und jedes Wort auf seinen Wahrheitsgehalt hin überprüfen.

Ein Quadratmeter Fassadendämmung spart beim durchschnittlichen Altbau („22-Liter-Haus") pro Jahr rund 12 Liter Heizöl oder 12 Kubikmeter Gas ein. Bei den derzeitigen Energiekosten spart man mit einem Quadratmeter Fassadendämmung rund 10 Euro pro Jahr. 150 Quadratmeter Fassadenfläche (entspricht einem Ein- bis Zweifamilienhaus) sparen bei unserem Beispielhaus demnach pro Jahr 1.500 Euro an Heizkosten. Die Kosten für eine Fassadendämmung liegen bei geschätzten 16.500 Euro. Finanziert man diese Summe über ein KfW-Förderdarlehen (2 Prozent Zinsen, 4 Prozent Tilgung), muss man pro Jahr 990 Euro dafür bezahlen. Man spart sofort 500 Euro pro Jahr. Ohne Wenn und Aber.

Das Geld liegt quasi „auf der Straße". Jeder Tag wird zum Glückstag.

Warum bleiben bei diesem Thema sogar recht kluge Leute untätig? Die Antwort finden wir im Langzeitgedächtnis: „Was früher richtig war, muss heute auch noch richtig sein." Vor 30 Jahren „rechnete" sich eine Dämmung nicht. Ein Liter Heizöl kostete weniger als 20 Pfennig (10 Cent) und die jährlichen Bauzinsen lagen bei rund 12 Prozent. Da war es tatsächlich billiger, in Öl und Gas zu investieren als in eine gedämmte Fassade. Heute kostet ein Liter Heizöl über 90 Cent, für Baugeld zahlt man zurzeit 2 bis 3 Prozent Zinsen (zum Beispiel über die KfW-Förderbank), wenn man damit eine Energiesparmaßnahme finanziert. Energie ist heute neun mal teurer als vor 30 Jahren, die Bau-Finanzierung ist auf ein Viertel geschrumpft. Somit hat sich die Wirtschaftlichkeit um den Faktor 36 verbessert.

Das Schöne an unserer heutigen Zeit ist: Die 500 Euro, die ich Jahr für Jahr einsparen kann, werden mit steigenden Energiepreisen immer mehr. Rechnen wir weiter: Nach 20 Jahren ist die Investition längst getilgt, dann liegt die Einsparung bei 3.000 Euro pro Jahr (falls sich die Energiepreise in den nächsten 20 Jahren nur verdoppeln). Mit Taschenrechner und Papier kann man jetzt verschiedene Varianten durchrechnen. Selbst wenn Energie nicht teurer werden würde, hat man nach 30 Jahren mit Zins und Zinseszins mindestens 50.000 Euro erwirtschaftet.

Ein weiterer Gedanke: Heute gibt es Wärmedämm-verbundsysteme für die Fassade, mit denen man aus hässlichen Altbauten regelrechte Villen und kleine Schlösser zaubern kann. Dazu braucht es nur eine architektonisch gekonnte Farbgebung sowie ansprechende Fenster- und Gesimsprofile. Falls Sie jetzt nicht handeln, gibt es nur zwei Gründe: Entweder haben Sie Ihr Haus schon gedämmt oder meine Argumente sind nicht plausibel. Sollte Letzteres der Fall sein, bitte ich um eine kurze Email an **info@ronny-meyer.com**. Lassen Sie mich aber eines noch nachschieben: Was glauben Sie, was Ihr Nachbar sagen wird, wenn er sieht, dass Ihr Haus das schönste im Wohngebiet geworden ist? Und wenn er noch erfährt, dass Sie sich mit dem gesparten Geld ein noch größeres Auto ... Sie haben Recht: lassen wir das.

Anmerkung: Diese Kolumne ist im Juni 2008 erschienen. Ein Liter Heizöl kostete zu diesem Zeitpunkt etwas mehr als 90 Cent. Nach einem weiteren Anstieg ist der Literpreis anschließend bis auf 46 Cent gefallen (März 2009), stand bei Redaktionsschluss dieses Buches aber wieder bei 58 Cent – Tendenz steigend.

ENERGIESPAR-TIPP:

Mit Heizkörpern die Räume gezielt temperieren. In der Heizperiode hat man fast täglich die Hand am Thermostatventil des Heizkörpers. Oft sagt man so Sätze wie „Dreh' mal die Heizung auf 3". In diesem Zusammenhang ist es interessant, einmal nachzufragen, was die Ziffern auf den Thermostatventilen eigentlich bedeuten. Gut zu wissen: Die Skala bei allen Thermostatventilen ist gleich. **Stufe 1** bedeutet etwa 12 Grad Celsius Raumtemperatur, **Stufe 2** etwa 16 Grad, **Stufe 3** etwa 20 Grad, **Stufe 4** etwa 24 Grad und **Stufe 5** etwa 28 Grad.

Achtung: Thermostatventile nicht vollständig aufdrehen, wenn Sie nach einer längeren Abwesenheit (zum Beispiel nach einem Winterurlaub) nach Hause kommen und die ganze Wohnung auf beispielsweise 16 Grad abgekühlt ist. Auch Stufe 5 macht die Wohnung nicht schneller warm. Der Heizkörper heizt nicht stärker, nur länger (in beiden Fällen ist das Ventil vollständig geöffnet). Erhöhen Sie stattdessen kurzfristig die Vorlauftemperatur am Heizkessel, um die Wohnung schneller warm zu bekommen. Drehen Sie anschließend die Vorlauftemperatur am Heizkessel wieder auf die wirtschaftliche, ursprüngliche Stellung zurück.

WELTWIRT-
SCHAFTSKRISE
UND
INFLATION

Kürzlich wollten meine Kinder wissen, ob die Weltwirtschaftskrise auch bei uns Spuren hinterlässt. „In gewisser Weise trifft sie jeden", sagte ich. Aber ich konnte sie beruhigen: „Wir wohnen in einem recht modernen, energiesparenden Haus. Egal, wie die Aktienkurse sich entwickeln, …

... das Haus ist immer da, wir können hineingehen und darin wohnen."

Auch wenn die Lebensmittelpreise steigen, die Aktienkurse zusammenbrechen und das Geld immer weniger wert wird: der Nutzwert der eigenen Energiespar-Immobilie bleibt immer derselbe. Meine Kinder fanden das faszinierend und kamen schließlich auf folgenden Gedanken: Bevor die Kurse an der Börse eingebrochen sind, gab es auf der Welt eine bestimmte Anzahl Sachwerte – Häuser, Autos, Straßen, Möbel, Eisenbahnzüge, Fahrräder und so weiter. Alle diese Sachen zusammen haben einen bestimmten Wert.

Dann, als die Bankenkrise losging und die Welt so richtig durcheinander wirbelte, waren alle diese Sachen aber immer noch da. Es hat sich physisch nichts verändert. Aber warum hatten dann alle Angst? Es war doch nichts verloren. Nach einem Krieg sind die Häuser, die Infrastruktur, die kulturellen Güter zerstört, aber während der Bankenkrise? Alles in Butter. „Offenbar nicht", resümierten wir. Wenn besorgte Politiker viele Milliarden Euro locker machen, muss etwas faul sein.

Sind wir ehrlich: Es ist schon länger etwas faul. Meinen Kindern erklärte ich das so: Geld ist der Gegenwert für geleistete Arbeit. Wenn ein Maurer viele Steine übereinander setzt, dann bekommt er Geld dafür. Er hat ein Haus gebaut, einen Wert geschaffen. Und die

„Quittung", die er dafür erhält, ist ein Geldschein (er bekommt natürlich mehrere Quittungen, also mehrere Geldscheine). Wenn er eine seiner Quittungen, etwa einen 10-Euro-Schein, dem Bäcker gibt und dafür ein Brot, 5 Brötchen und 4 Brezeln bekommt, gibt er dem Bäcker eine „Quittung" für dessen Arbeit. Der Kaufvorgang sagt: „Da ich, der Maurer, für jemand anderen (den Bauherrn) im Wert von 10 Euro gearbeitet habe, darf ich die Leistung eines Dritten (in dem Fall der Bäcker) ebenfalls im Wert von 10 Euro in Anspruch nehmen. Die Welt ist in Ordnung." Meine Kinder waren zufrieden. Aber nur kurze Zeit. „Und warum gibt es dann Aktien, warum gibt es Aktienkurse?", wollten sie wissen.

Wenn der Bäcker auf die Idee kommt, er könne mit einem Super-Backofen die besten Brötchen der Stadt backen und sein Laden würde dann noch besser laufen, der Gewinn würde sich verdoppeln, dann ist die Stimmung bei ihm (wegen der zu erwartenden Einnahmen) sehr gut. Der Maurer, der jeden Tag zum Brötchenkaufen kommt, merkt das und fragt nach dem Grund der guten Stimmung. Er überlegt: „Ich kann nicht doppelt so viel Gewinn machen. Aber ich kann dem Bäcker ein Geschäft anbieten: Ich bezahle von meinen Ersparnissen den Super-Backofen und er gibt mir die Hälfte seines Zusatzgewinns." Der Bäcker ist begeistert. Nun bekommt der Super-Ofenbauer Geld (Quittung) vom Maurer. Der Bäcker backt ganz viele Brötchen, die aber nicht besser sind als vorher. Er macht nicht mehr Gewinn, der Maurer wird immer saurer, die Stimmung wird täglich schlechter. Das merken auch die anderen Kunden, kaufen bei der Konkurrenz und der Bäcker geht pleite, sein „Börsenkurs" fällt. Der Maurer ist seine Investition los, er hat sich verspekuliert.

In der Realität aber ist die Welt noch in Ordnung: Die Häuser, die der Maurer gebaut hat, stehen noch, der Erbauer des Super-Ofens hat für seine Arbeit ehrliches Geld bekommen, die einzigen, die auf die Nase gefallen sind, sind der Spekulant (hier: Der Maurer) und der, der seine Vision nicht richtig umsetzen konnte (in dem Fall der Bäcker).

Während ich mich mit meinen Kindern über dieses Thema unterhielt, erinnerte ich mich an ein Gespräch zwischen meinen Eltern Anfang der siebziger Jahre. Sie hatten gerade unser Reihenhaus gekauft und es begann eine spürbare Inflation. Meine Mutter war besorgt, ob wir denn nun künftig noch die Kreditraten fürs Reihenhaus bezahlen könnten. Mein Vater sagte: „Inflation bedeutet, dass wir wertvolles Geld geliehen haben und wertloses Geld zurückzahlen. Letztlich bezahlt die Inflation unser Haus."

Ich hatte damals als Siebenjähriger nicht alles begriffen. Aber eines habe ich mir gemerkt: Inflation ist etwas Gutes, wenn man ein Haus gebaut und Kredite hat. Das gilt auch heute noch: All jene, die ihr Erspartes

oder Teile davon ins eigene (Energiespar)Haus investiert haben und investieren, können der Entwicklung
entspannt entgegensehen. In Krisenzeiten ist die beste
Aktie das eigene Zuhause. Und in guten Zeiten ist das
eigene Haus nicht weniger attraktiv.

WOHNGIFTE UND WILDE BÄREN

Die gute Nachricht zuerst: Wir werden alle immer älter, die Lebenserwartung steigt. Jungs, die heute geboren werden, haben noch rund 77 Jahre vor sich, Mädchen können sich auf 82 Jahre freuen. So gesehen ist eine latente Panik frischer Eltern, ihre Kinder könnten durch Schadstoffemissionen aus Farben, Lacken und Kindermöbeln ...

... dauerhaften Schaden erleiden, nicht überzubewerten. Zudem hat die Säuglingssterblichkeit in den vergangenen Jahrzehnten drastisch abgenommen.

Andererseits machen uns Erscheinungen wie der „Fogging-Effekt" und das „Sick-Building-Syndrom" hellwach. Mit „Fogging-Effekt" ist das Phänomen der „schwarzen Zimmerwände" gemeint, dessen Ursachen bis heute nicht eindeutig geklärt sind. Weichmacherverbindungen aus Farben, Lacken, Fußbodenklebern und Kunststoffen in Kombination mit Hausstaub und Ruß könnten dafür verantwortlich sein. Ein Neuanstrich mit einer lösemittel- und weichmacherfreien Farbe wird von Experten als gute Lösung genannt.

„Sick-Building-Syndrom" bedeutet übersetzt „Gesundheitsstörungen in kranken Häusern". Es beschreibt chronische Schleimhautreizungen, Kopfschmerzen, Reizhusten und Hautjucken. Medizinisch gibt es zwar noch keine zweifelsfreien Erklärungen, doch chemische Ausdünstungen und Klimaanlagen werden als Ursachen vermutet.

Wachsendes Umweltbewusstsein, medizinische Meisterleistungen, zunehmende Verkehrssicherheit und eine gesunde Ernährung haben unsere Lebenserwartung gesteigert. Dass mit jedem Fortschritt auch negative Einflüsse entstehen können, weiß jedes Kind. Der Volksmund kennt den schönen Spruch „was man mit den Händen aufbaut, sollte man nicht wieder mit dem Hintern einreißen". Frei übersetzt: „Fortschritt ja, dabei aber neue Gefahren möglichst vermeiden." Wir müssen aufmerksam bleiben, dürfen aber nicht hysterisch werden. Kinder, die häufiger mal im Dreck spielen und die nicht gleich bei jeder Schramme in die Klinik kommen, sind abgehärteter und kommen besser durchs Leben als jene, die bei jedem Regentropfen mit dem Auto zur Klavierstunde chauffiert werden.

Im Alter von 11 Jahren habe ich ein Holzregal aus Dachlatten gebaut und mit dem grausamen Holzschutzmittel „Xylamon" gestrichen. Ich dachte, dies sei notwendig, um das Holz haltbarer zu machen. Dieses Teufelszeug wurde aufgrund seiner Schadstoffe wenig später aus dem Verkehr gezogen. Mein Regal war etwa eine Woche alt, als meinen Eltern doch Bedenken kamen, weil der Gestank bei uns zu Hause barbarisch war und meine Kopfschmerzen nicht weggehen wollten. Ich meinte wahrzunehmen, dass nach einer Woche der beißende Geruch etwa zur Hälfte abgenommen hatte und fand das recht positiv.

Mein Vater erklärte mir an diesem Tag den Begriff der „Halbwertszeit" (dieser Begriff begegnete mir später übrigens wieder im Zusammenhang mit der Kernenergie. Beim Atommüll spricht man von Halbwertszeiten, die mehrere 10.000 Jahre betragen. Dagegen wirkt mein „Xylamon"-Regal in der Rückschau recht harmlos).

Zurück zu „Fogging-Effekt" und „Sick-Building-Syndrom": Mehrere schädliche Einflüsse potenzieren sich. Wer in schadstoffbelasteten Räumen wohnt, ansonsten aber gesund lebt, ist nur einfach gefährdet. Wer zugleich jedoch starker Raucher ist, an einer hochfrequentierten, abgasbelasteten Straße zu Hause ist und sich zudem noch schlecht ernährt, setzt sich einem zigfach höheren Risiko aus.

Wenn Wände, Fenster, Dach und Keller bauphysikalisch richtig ausgeführt wurden, ist eine Schimmelbildung nahezu ausgeschlossen. Eine der Hauptursachen eines ungesunden Raumklimas ist damit schon mal vom Tisch. Weitere „Gefahren" gehen von Teppichböden, Kunststoffmöbeln, Spanplattentüren, Farben und Lacken aus. Wer ganz sicher sein will, lässt sein Haus untersuchen. Rund 1.000 Euro kostet es, Gewissheit über den Gesundheitszustand der eigenen vier Wände zu bekommen.

Wer schließlich seine alten Teppiche entsorgt und keine Spanplatten- oder Kunststoff-Möbel mehr besitzt, hat schon mal gute Karten – selbst wenn man ab und zu mal an die Pommesbude geht und an einer viel befahrenen Kreuzung nicht die Luft anhält.

Ganz früher sind die Leute an Blinddarmentzündung gestorben, wurden von wilden Bären zerfleischt oder in der Höhle von einem herabfallenden Felsbrocken erschlagen. Noch vor 2.000 Jahren war die Lebenserwartung nicht mal halb so hoch wie heute. In meinem Lateinschulbuch gab es das Wort „senex". Das heißt übersetzt „der Greis" und in Klammern stand die Erläuterung dazu: alter Mann um die 30.

DIE SONNE SORGT FÜR EINE SICHERE RENTE

Das Zeitalter von Öl und Gas wird weltgeschichtlich betrachtet gerade mal einen Wimpernschlag lang gedauert haben. Sechs, acht oder zehn Menschengenerationen. Bei Kohle und Kernkraft sieht es ähnlich aus. Vorher war die ...

... Sonne der Haupt-Energielieferant der Erde und sie wird es wieder werden.

Sonnen-Energie-Fans haben in diesem Zusammenhang faszinierende Zahlenbeispiele im Kopf: Die Sonne scheint seit fast fünf Milliarden Jahren ununterbrochen – und sie wird es wohl nochmal so lange tun. In weniger als einer Stunde befördert sie so viel Energie auf die Erdoberfläche, wie die gesamte Menschheit in einem Jahr verbraucht.

Oder dieses Beispiel: Jeder Quadratmeter Sonne strahlt stündlich den Energiegehalt von 6.300 Kubikmetern Erdgas aus. Und was machen die Menschen? Sie ignorieren noch weitgehend dieses Über-Mega-Energie-Angebot, und sie bauen wie fleißige, aber sehr dumme Ameisen eine extrem aufwendige Erdgaspipeline durch die Ostsee, um dann für ein paar Jahre die letzten Reste fossiler Energien nach Deutschland zu pumpen, damit sie hier klimaschädlich verheizt werden. Andererseits kann jeder, der sich für das Thema Sonnen-Energie interessiert, beobachten, dass die Dachflächen, auf denen Solarzellen und Kollektoren montiert werden, zunehmen. Vermutlich sind wir jetzt endlich doch auf dem Weg, die unvorstellbar großen Energiemengen der Sonne für uns nutzbar zu machen. Auch wenn immer noch Leute der Sonnen-Energie keine echte Chance einräumen, betrachten wir doch einfach mal die tatsächliche Lage, die sich um uns herum für jedermann sichtbar entwickelt:

Der Anteil der Solarthermie (Warmwassererzeugung mit der Sonne) und der Photovoltaik (Stromerzeugung mit der Sonne) am Energiemix (Gas, Öl, Kohle, Kernkraft uns so weiter) nimmt tagtäglich zu. Die Nutzung der Sonnen-Energie folgt einer ganz normalen Wachstumskurve, die man mit der Flugbahn eines startenden Flugzeugs vergleichen kann. Wenn das Bugrad von der Startbahn abhebt, ist der steile Anstieg der Kurve nicht mehr zu vermeiden. Und in Sachen Sonnen-Energie verlassen wir gerade die Startbahn. Das hat nichts mit Öko-Spinnerei zu tun, sondern ist die Realität.

Wie geht's nun weiter? Ich bin ja ein Fan von Wärmepumpen, mit denen man die Erdwärme für die Beheizung von Häusern nutzen kann. Erdwärme ist übrigens nichts anderes als Sonnen-Energie, die im Boden gespeichert ist. Den Strom, den wir für eine Wärmepumpe brauchen, holen wir aus dem öffentlichen Stromnetz. Jetzt kommt's: Die gleiche Menge Strom zapfen wir mit einer rund 30 Quadratmeter großen Photovoltaik-Anlage der Sonne ab und speisen sie ins Stromnetz ein. Die Rechnung geht auf: Wir heizen von Anfang an klimaneutral und die Photovoltaik-Anlage finanzieren wir voll und ganz über die so genannte Einspeisevergütung, die uns gesetzlich zusteht. Je nach Finanzierungsmodell und Sonnenscheinintensität ist die Anlage nach rund 12 bis 14 Jahren abgezahlt, die Einspeisevergütung sprudelt aber munter weiter. Im Klartext: Wir zahlen keinen Cent drauf, verdienen nach etwa 12 bis

14 Jahren Monat für Monat ein hübsches Taschengeld mit Nichtstun und die Umwelt profitiert. Stark!

So gesehen ist die Photovoltaik die beste Rentenversicherung, die es gibt: man zahlt nichts ein, nach 12 bis 14 Jahren fließt die Sonnen-Rente auf unser Konto. Da die Lebensdauer der Solarmodule auf über 30 Jahre ausgelegt ist (es gibt Leistungsgarantien der Hersteller), bekommt man auch nach dem 20. Jahr noch die Einspeisevergütung. Heute weiß zwar niemand, wie teuer dann eine Kilowattstunde sein wird. Wenn aber die Stromkosten künftig genauso wie in der Vergangenheit steigen, dürfte der Preis für eine Kilowattstunde Strom im Jahr 2030 bei etwa 53 Cent liegen: Sonnige Aussichten für Eigentümer von Sonnenkraftwerken.

Wir wissen, dass wir in Sachen Sonnen-Energie noch am Anfang stehen. Die Randbedingungen sind immer noch nicht optimal, aber schon sehr gut. Wichtig ist, diese Technologie zu fördern. Jeder Einzelne, der sich für die Nutzung der Sonnen-Energie stark macht, setzt ein Zeichen und trägt dazu bei, dass die Massenfertigung bald noch mehr in Schwung kommt. Zum Schluss bleibt nur eine Frage: Was sollte eigentlich diese Erdgaspipeline in der Ostsee?

ENERGIESPAR-TIPP:

Was ist eigentlich die KfW? Um es gleich vorwegzunehmen: Die KfW ist die netteste Bank in Deutschland. Richtig bekannt wurde die KfW jedoch durch einen mittelprächtigen Skandal. Rückblick: Zu Beginn der Finanzkrise wurde mit der Überweisung von über 300 Millionen Euro an die Lehman-Pleite-Bank ein teurer und peinlicher Fehler gemacht – und die Boulevardzeitungen titelten „Deutschlands dümmste Banker!". Auf einen Schlag war die KfW weltbekannt.

Dass die KfW aber seit vielen Jahren Bauherren und Modernisierern mit zinsverbilligten Darlehen und Bargeldzuschüssen unter die Arme greift, dass mit den KfW-Geldern Tausende umweltschonender Gebäude entstanden sind und entstehen, ist den Zeitungen oft nur eine kaum beachtete 10-Zeilen-Meldung wert.

Die KfW ist die „Hausbank der Bundesrepublik Deutschland". Ausgeschrieben heißt das Kürzel „Kreditanstalt für Wiederaufbau". Der offizielle neue Name lautet jedoch „KfW Bankengruppe". Unter der Überschrift „Unsere Aufgaben" steht auf der KfW-Internetseite, wofür die Institution steht: „... wir unterstützen umweltfreundliche Maßnahmen, weil wir den Klimaschutz im Auge haben." Ein Teil der „KfW Bankengruppe" ist die „KfW Förderbank": Sie stellt Mittel für die Schaffung von Wohneigentum, für die Modernisierung von Wohngebäuden sowie für die Nutzung erneuerbarer Energien zur Verfügung. Wer ein Darlehen oder einen Zuschuss der KfW in Anspruch nehmen möchte, muss bestimmte Voraussetzungen erfüllen. Alle Informationen im Internet (www.kfw.de).

WOHNEN MACHT SPASS

Lohnt sich ein eigenes Haus noch? fragte vor einiger Zeit die „Wirtschaftswoche" auf der Titelseite und ließ mit dieser Frage schon die Erkenntnis durchschimmern: „Natürlich nicht." Ich möchte weiterfragen: Lohnt sich ein Auto, eine Urlaubsreise, ein Restaurantbesuch? Lohnt sich das Leben ...

... überhaupt? Da wird man geboren, lernt laufen und sprechen, absolviert eine jahrzehntelange Ausbildung, zieht Kinder groß, bewältigt so manche Lebenskrise, um am Schluss die Augen zu schließen und festzustellen „das war's". Lohnt sich das alles?

Die Antwort auf die Frage, ob sich etwas lohnt oder „rechnet", ist im Zusammenhang mit dem eigenen Haus zur dümmlichsten Formel aller Zeiten verstümmelt worden. Klar, wer ein Haus abzahlt, kann sich nur ein kleineres Auto leisten, einen Spar-Urlaub und weniger Restaurantbesuche. Schließlich muss man Monat für Monat Zins und Tilgung zur Bank tragen. Die Miete einer Wohnung ist in vielen Fällen sicher billiger. Andererseits: Wer nach 30 Jahren sein Haus abgezahlt hat, der hat perfekt vorgesorgt. Nach 30 Jahren sind die gefahrenen Autos nur noch Schrott, die Urlaubserinnerungen verblasst und die meisten Restaurantbesuche vergessen. Was aber geblieben ist, ist das Haus. Es steht da, hat einen Wert und ist jeden Tag nutzbar.

Selbst wer heute für sein Haus buckeln und knechten muss, sich mit etwas weniger Konsum zufrieden gibt, ist auf dem richtigen Weg. Und was für den Neubau gilt, kann genauso auf den Altbau und die Altbaumodernisierung übertragen werden. Eine Komplettsanierung des Hauses mit Wärmedämmung, neuen Fenstern, innovativer Heizung, Wellness-Bad, fernsteuerbaren Rollläden und so weiter ist das Allerbeste, was man tun kann. In einem architektonisch perfekten Haus zu wohnen, das mit niedrigstem Energieverbrauch maximalen Wohnkomfort bietet, ist einfach Spitzenklasse. So etwas macht jeden Tag Freude.

Dass sich in den Köpfen jedoch festgesetzt hat, dass sich das alles gar nicht lohne, ist unbegreiflich. Wofür sind wir denn hier auf dieser Welt? Die Autos, die auf der Straße herumgurken, kosten nicht selten mehr als 30.000 Euro. Für dieses Geld kann man sein Haus oder seine Wohnung zu einem kleinen Palast umbauen. Ich spreche hier von „Wohn-Spaß". Viele Menschen leben stattdessen in langweiligen, manchmal sogar heruntergekommenen Häusern, verheizen ihr sauer verdientes Geld, leisten sich aber einen edelpolierten Mittelklassewagen. Wofür? Lohnt sich das?

Manchmal drängt sich mir der Verdacht auf, dass die meisten Menschen derart zugedröhnt sind, dass sie nicht mal mehr um die nächste Ecke denken können. Wenn zudem noch in einem Fachmagazin wie der „Wirtschaftswoche" ein völlig abwegiges Interview mit einem Architekten abgedruckt wird, der auf die Frage, ob bei seinem Privathaus die Wände gedämmt seien, mit „natürlich nicht" antwortet, dann möchte man am liebsten auf einen anderen Planeten flüchten. Aber das bringt ja auch nichts. Also, liebe Hauseigentümer: Eine Dämmung reduziert die Heizkosten erheblich und lohnt sich bei den derzeitigen und zu erwartenden Energiepreisen von der ersten Sekunde an. Mathematik ist nicht diskutierbar.

Man muss nicht gegen Autos, schöne Reisen oder Restaurantbesuche sein. Man sollte aber dagegen sein, dass sich schlecht ausgebildete Fachleute über nachlässige Redakteure in Fachzeitschriften mogeln und dort dummes Zeug verbreiten. Es ist frappierend, dass trotz Mega-Energie-Abzocke die einfachsten Lösungen so konsequent ignoriert und schlechtgeredet werden.

Waren Sie schon mal in einem Fertighaus-Musterpark? Man kommt dort aus dem Staunen nicht mehr heraus. Tolle Häuser, abgefahrene Architektur. In jedes zweite Haus würde man am liebsten sofort einziehen. Wohnen macht Spaß. Doch warum haben so wenige Menschen dafür eine Antenne? Warum gestalten sich nur so wenige Menschen ein attraktives Umfeld?

Warum reduziert sich alles auf das Minimum „Dach überm Kopf"? Das Argument, es sei zu teuer, zählt nicht. Na klar, eine Investition ins eigene Haus auf der einen Seite macht Einsparungen auf der anderen Seite notwendig. Ja, was ist denn daran schlimm?

In einem Traumhaus braucht man gar kein dickes Auto. Man lädt sich nämlich häufiger Freunde ein (spart Benzin), kocht selbst (spart den Restaurantbesuch) und am Wochenende auf der Terrasse neben dem kleinen Pool ist es irgendwie genauso wie im Urlaub (spart ... na, Sie wissen schon). Fazit: viel gespart und fürs Alter vorgesorgt. „Lohnt sich ein eigenes Haus noch?" Ja, auf jeden Fall – vor allem, weil es Spaß macht.

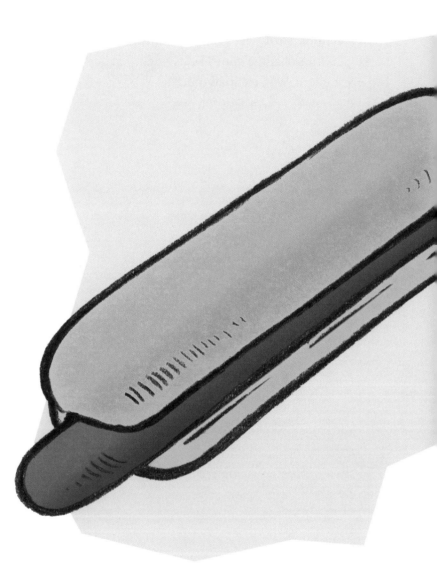

ENERGIE-POLITIK

Liebe Leserinnen und Leser dieses Buches: jetzt möchte ich Sie einmal ganz persönlich ansprechen, jeden Einzelnen von Ihnen. Ich schreibe Ihnen so etwas wie einen „offenen Brief". Haben Sie bemerkt, dass wir alle am Beginn einer echten Revolution stehen? Und wie die ausgehen wird, hängt entscheidend von Ihnen ab. Von Ihnen, die Sie ...

... in Deutschland Häuser besitzen. Ich schreibe über die Energiespar- und Klimaschutz-Revolution, die gerade begonnen hat und die eigentlich schon vor 20 Jahren hätte beginnen können, als das erste Passivhaus in Deutschland gebaut wurde. Doch solche Super-Energiesparhäuser sind noch immer nicht im Wahrnehmungsbereich der Allgemeinheit.

Seit Jahrzehnten sind all die Antworten auf die Fragen bekannt, die seit einiger Zeit immer wieder „brandaktuell" gestellt werden: Klimawandel! Was tun? Energiepreis-Achterbahn! Was tun? Energielieferstopp aus Russland! Was tun?

In allen Medien sorgen Energiethemen regelmäßig für Schlagzeilen und die Politik tut so, als sei sie ratlos. Was die Politik zu verhindern versuchte und was der Wissenschaft nie geglückt ist, gelang den Redakteuren der Zeitungen und TV-Magazine Anfang 2007 innerhalb weniger Tage im Zusammenhang mit dem fundierten Bericht des Weltklimarates: Die Themen „Energie" und „Klimaschutz" wurden erfolgreich in die Köpfe der Menschen befördert.

Energiespar-Experten und Klimaforscher sagen zu den Presseleuten „Danke!" und fügen hinzu: „Es wurde auch höchste Zeit." Nachdem nun die Probleme angesprochen wurden, müssen jetzt nur noch die einfachen Lösungen kommuniziert werden.

Inzwischen wird bei nahezu jeder Party, an jedem Stammtisch über Klima und CO_2, über alternative Energien und Wärmeschutz diskutiert. Überall derselbe Tenor: „Wir müssen etwas tun." Also worauf warten wir noch? Bestimmt nicht auf die „Modernisierungswelle", die der Energieausweis hätte auslösen sollen. „Welcher Energieausweis?", werden Sie fragen. 50 Prozent der Deutschen wissen nicht mal, dass es so ein Dokument überhaupt gibt.

Wir nehmen unsere Zukunft selber in die Hand. Mit Fachwissen, Fachhandwerk und richtig viel Kraft. Denn die Lösung ist so einfach: Energiesparen durch eine perfekte Gebäudedämmung und durch moderne Fenster. Bauen und Sanieren nach dem „Hot-Dog-Prinzip": So wie das Brötchen das Würstchen warm hält, genauso hält eine Dämmung das Haus warm. So einfach ist Bauphysik, so einfach sind die ersten Schritte zum funktionierenden Klimaschutz. Wichtig dabei: jeder versteht, wie's geht.

Oder haben Sie Zweifel? Wenn heute noch jemand fragt, ob er als Einzelner wirklich etwas bewegen könne, lautet die Antwort: „Der Erfolg ist die Summe der Aktivitäten Einzelner." Und es sind alle betroffen. Hohe Energiekosten stellen für die Mehrzahl der deutschen Haushalte eine echte finanzielle Bedrohung dar. Extreme Unwetter, auch vor der eigenen Haustür, sind die zweite Zutat zu diesem hochexplosiven Cocktail, der uns alle umgibt.

Nun kommt aus den USA eine Bewegung, die Ökologie und Lifestyle miteinander verbindet. Bei der Oscar-Verleihung im Jahr 2008 prahlte man nicht mehr mit Stretch-Limousinen, sondern man fuhr im Hybrid-Auto vor. Und Brad Pitt lässt futuristische Öko-Energiespar-Häuser für Normalbürger entwerfen. Bisher war das Thema „Energiesparen" ein völliger Flop, weil man damit langweilige Enthaltsamkeit verband. Sowas kann in einer spaßorientierten Konsumgesellschaft, die wir nun mal sind, einfach nicht funktionieren.

Wenn aber Film- und Fernsehstars den Klimaschutz aufregend attraktiv machen und dem Ganzen einen Glamour-Anstrich verpassen, sollten wir in Deutschland diesen Ball auf unsere Weise aufnehmen. Wer sein Haus energetisch saniert, hat die einmalige Chance, dem Gebäude eine komplett neue Architektur zu schenken. Und auf einmal gehören Wohnen und Energiesparen zusammen. Nur wer beides miteinander kombiniert, erlebt ein einzigartiges Hier-wohne-ich-gern-Gefühl.

Das Energie verschwendende Durchschnittshaus wird für Mieter zunehmend uninteressant. So, wie es gelungen ist, das Mobiltelefon flächendeckend einzuführen, kann es auch gelingen, eine völlig neue Wohn-, Energiespar- und Klimaschutzkultur zu etablieren. Die Nachfrage entsteht durch ein hochattraktives Angebot. Dort, wo unsere Politik versagt hat, können Hauseigentümer etwas bewegen. Sie orientieren sich nicht an langweiligen 7-Liter-Häusern im Sinne der Energieeinsparverordnung, sondern haben beim Bauen und Sanieren das High-Tech-Solar-Haus und den optisch wie technisch perfekten Energiespar-Altbau im Blick.

Bauen und Wohnen werden schon in naher Zukunft ein komplett anderes Image haben. Eine echte Revolution eben. Und vielleicht begreift irgendwann auch mal die Politik, dass Energiesparen Spaß machen kann. Und zwar so, dass Jeder mitmachen will – und nicht muss. Die Chancen dafür stehen übrigens gar nicht so schlecht: Denn Sigmar Gabriel war, bevor er im Jahr 2005 Umweltminister wurde, allen Ernstes „Pop-Beauftragter der Rot-Grünen-Bundesregierung" (1998 bis 2005).

JEDER MENSCH HAT HEIZSCHULDEN

Von dem Wort „Schulden" geht etwas sehr Negatives aus. Schließlich enthält dieses Wort den Begriff „Schuld". So kann man verstehen, dass viele Menschen grundsätzlich keine Schulden machen möchten. Verrückt, welche Macht ein einzelnes Wort hat. Denn oftmals bedeutet der Begriff „Schulden" in seiner tatsächlichen Wortbedeutung und in seiner ...

... Eigenschaft „Guthaben" – und umgekehrt. Das glauben Sie nicht? Dann beantworten Sie bitte folgende Frage: Ein Baby hat sein ganzes Leben noch vor sich. Es hat zum Zeitpunkt der Geburt rund 80 Jahre „Lebensguthaben". Oder sind es doch eher „Lebensschulden"? Je nachdem, ob man leben darf oder leben muss. Ja, wie ist das denn nun? Darf man leben oder muss man leben? Die Frage ist nicht leicht zu beantworten. Wir versuchen es trotzdem.

Vom ersten Atemzug an beginnt die Berufsausbildung: Erst üben wir sitzen, laufen und sprechen, dann erwerben wir soziale Fähigkeiten, parallel dazu lernen wir schreiben, rechnen und lesen. Nach der Schulausbildung beginnt die Lehre oder das Studium. Bis zum ersten Arbeitstag des Kindes wurden seitens der Eltern und des Staates in die Ausbildung je nach Rechenansatz im Mittel rund 150.000 Euro investiert. Hat das Kind nun 150.000 Euro Schulden beim Staat und bei seinen Eltern oder hat es 150.000 Euro Guthaben in Form einer Ausbildung, die ja nun in ihm steckt? Die Antwort ist einfach: Es sind betriebswirtschaftlich gesehen Schulden. Es wurden 150.000 Euro investiert, aus denen noch nichts gemacht wurde. Ein nagelneues Auto, das ich für 20.000 oder 30.000 Euro kaufe und das jetzt startbereit vor meiner Haustür steht, hat geschätzte 200.000 Kilometer Schulden bei mir. Schließlich habe ich in das Auto investiert und habe jetzt ein „Kilometer-Guthaben", welches das Auto mir schuldet.

Das Kind, das inzwischen ein Erwachsener geworden ist, kann nun seine Ausbildung dazu nutzen, im Laufe des Berufslebens eine Million Euro zu erwirtschaften. Vielleicht wird sie oder er auch fünf Millionen Euro erwirtschaften. Was ist die Konsequenz daraus? Zunächst zahlt sie oder er über die Einkommensteuer die „Ausbildungsschulden" zurück. Was die Gesellschaft (inklusive der Eltern) in die Ausbildung investiert hatte, fließt somit zurück. Doch das ist noch nicht der Knackpunkt. Der kommt jetzt: Je mehr wir verdienen, um so höher sind üblicherweise auch die Ansprüche, die wir haben. Haben Sie schon mal überlegt, an wen wir diese Ansprüche stellen? Wir stellen sie an uns selbst. Ein Millionär will beispielsweise zweimal im Jahr dick Urlaub machen: Im Winter St. Moritz, im Sommer auf der eigenen Yacht durchs Mittelmeer. Dieser Millionär schuldet sich zwei teure Urlaube jährlich. Er hat bei sich selbst „Urlaubsschulden", weil er ohne diese Urlaube nicht leben möchte.

Jemand, der nur ganz wenig verdient oder sehr sparsam ist, der macht vielleicht einen Wanderurlaub im Schwarzwald, der nicht viel mehr kostet als das Leben zu Hause. Vielleicht sagt dieser Mensch auch, er braucht gar keine Urlaubsreise. Ihm genügt es, wenn er auf seinem Balkon sitzt und den Blick in den Garten genießt. Ob Kleinverdiener oder Millionär: Dieser Mensch hat keine „Urlaubsschulden" bei sich, weil er das Bedürfnis „Urlaubsreise" gar nicht hat.

Bei einer Urlaubsreise kann man frei entscheiden, ob man sie will oder nicht. Beim Heizen ist das anders. Ich muss im Winter heizen, wenn ich nicht frieren will. Ein vierzigjähriger Bürger Deutschlands, der (allein, zu zweit oder mit seiner Familie) in einem 150-Quadratmeter-Haus mit durchschnittlicher Bausubstanz lebt, verheizt bis zu seinem Tod rund 100.000 Euro. Er hat also bei sich selbst 100.000 Euro „Heizschulden." Nur wenn ihm ein kaltes Haus im Winter nichts ausmachen würde und er sich die nächsten 40 Jahre frierend durch die Winter schlottert, hätte er bei sich keine „Heizschulden."

Die „Urlaubsschulden" kann man nur vermeiden, wenn man nicht in Urlaub fährt. Das bedeutet Einschränkung. Die „Heizschulden" können jedoch ohne jegliche Einschränkungen weitgehend vermieden werden, in dem man sein Haus energetisch modernisiert. Da das Haus nach der Modernisierung sogar noch mehr wert ist, sind die Bank-Schulden mit Immobilien-Guthaben gleichzusetzen. Bank-Schulden sind in so einem Fall also gar nicht schlecht. Sie sind sogar etwas Gutes. Denn sie ermöglichen, dass ich es im Winter mollig warm habe und zugleich sind meine „Heizschulden" um 80 bis 90 Prozent reduziert. Das ist so ähnlich, als ob man einen Mittelmehr-Yachturlaub zum Preis eines Schwarzwald-Wanderurlaubs bekommt.

ENERGIESPAR-TIPP:

Hydraulischen Abgleich vornehmen. Es gibt Begriffe, die will man gar nicht kennen. „Hydraulischer Abgleich" könnte so ein Begriff sein, bei dem die meisten Menschen gar nicht erst weiterlesen möchten. Tun Sie es bitte trotzdem. Denn hinter dem hydraulischen Abgleich verbirgt sich der vielleicht wichtigste Energiespar-Tipp aus der Kategorie der „Sofortmaßnahmen": schnell gehandelt, viel gewonnen.

Mit dem hydraulischen Abgleich wird sichergestellt, dass jeder Heizkörper oder jeder Heizkreis einer Flächenheizung (Fußbodenheizung, Wandheizung) mit genau der Wärmemenge versorgt wird, die man braucht, um die gewünschte Raumtemperatur zu erreichen. Der hydraulische Abgleich beginnt bei Neubauten oder bei der Neu-Installation einer Heizung im Altbau mit der detaillierten Planung: Rohrleitungslängen und Rohrdurchmesser sowie Pumpen und Ventile müssen genau dimensioniert und später so präzise eingestellt werden, dass der erste Heizkörper im Kreislauf nicht zuviel und der hinterste, letzte Heizkörper nicht zuwenig Wärme abbekommt.

Bei bestehenden Heizungsanlagen ist auch ein nachträglicher hydraulischer Abgleich durch einen Fachmann möglich, sofern die dafür erforderlichen Armaturen im Rohrnetz existieren. Aus dem hydraulischen Abgleich ergeben sich einige Vorteile. Der Wichtigste: niedrige Energiekosten.

DIE GUTE STUBE

Der Winter steht vor der Haustür ... Wenn ein Beitrag in einem Bau- und Wohnjournal so beginnt, dann geht es meist so weiter: ... „wir müssen jetzt Fenster und Dächer abdichten, Wände dämmen und die Heizungsdüsen neu justieren." Über Dämmung und Dächer wird in diesem Buch an anderer Stelle nun wirklich ausreichend berichtet, so dass dieser Beitrag zwar mit dem Winter beginnen soll, dann geht es aber anders weiter. Neugierig geworden? Gut. Dann ...

... fangen wir nochmal von vorne an: Der Winter steht vor der Haustür und wir verbringen wieder mehr Zeit in der „Guten Stube". Die „Gute Stube" ist in meiner Erinnerung das gemütliche Wohnzimmer meiner Großmutter, mit knarrrrrenden Holzdielen und dem Geruch von Bohnerwachs. Die „Gute Stube" ist Teil meiner Kindheit. Ältere Menschen (heute sagt man charmant „60plus") kennen das noch genauso wie meine Generation („50minus"). Doch alles das kennen die Jüngeren nicht (ich verkneife mir jetzt, in Klammern zu schreiben „Generation 20dividiert-durchzwei"). Gemeint ist die „Chill-Generation". Sie wissen nicht, was „chillen" ist? Mit „chillen" meinen die Zehn- bis Fünfzehnjährigen „ausruhen" und „entspannen." Doch mit einer Dose Cola auf dem Teppichboden zu chillen, ist einfach nicht dasselbe, wie eine heiße Schokolade in Omas „Guter Stube" kredenzt zu bekommen. Spüren Sie, was ich meine?

Bitte verstehen Sie mich nicht falsch. So Sprüche wie „früher war alles besser" sind nun wirklich nicht mein Ding. Ich möchte auf etwas ganz anderes hinaus: Mich beschäftigt die Frage, warum wir eigentlich überall auf das „Gewürz" verzichten und uns damit später der schönsten Erinnerungen berauben? Liegt es am Fastfood? Das Leben als Schnell-Imbiss? Man hat den Bissen so schnell verschluckt, da merkt man gar nicht, ob das alles gut gewürzt war. Beim Wohnen ist es genauso. Es gibt Trends: heute so, morgen so. Dagegen ist nichts einzuwenden (ich renoviere selber für mein Leben gern). Leider hat aber gar nichts mehr Bestand. Da ist doch der Gedanke verführerisch, In unserer schnell rotierenden Karussell-Welt im Zentrum ein kuscheliges Nest, ein regelrechtes Refugium zu schaffen. Wie früher die „Gute Stube".

Eine „Gute Stube" funktioniert übrigens ganz wunderbar auch in einem modernen Haus mit Dreifachverglasung und Lüftungsanlage. Die „Gute Stube" darf zwar modern sein, sie muss aber − und da bin ich keinen Millimeter kompromissbereit − echt sein: zum Beispiel verputzte Wände ohne Tapete, vielleicht sogar ein Kaminofen und auf jeden Fall ein knarrender, echter Holzfußboden. Warum ich bei knarrenden Holzdielen immer an Alfred Hitchcock denken muss, weiß ich auch nicht. Aber: Ist „Hitch" nicht auch immer mal kurz auf der Leinwand aufgetaucht und hat damit seine vielen, ohnehin schon spannenden Filme noch zusätzlich gewürzt? Warum also nicht mal ein Haus oder eine Wohnung mit knarrenden Holzdielen „würzen", auch wenn das Haus insgesamt technisch vom Allerneusten ist?

Auf diese Weise alte Traditionen zu neuem Leben zu erwecken, ist ein Hochgenuss (ein guter Freund von mir hat kürzlich sein über 200 Jahre altes Fachwerkhaus zum Passivhaus umgebaut − ein Meisterwerk!). Wer Trend und Tradition miteinander gekonnt verbindet, produziert Kultur pur. Und wir werden schmunzeln, wenn die ganz Jungen irgendwann sagen: „Komm, wir chillen in der ‚guten Stube'." Dann haben wir Eltern nicht alles falsch gemacht.

WANN IST EIN DACH EIN DACH?

Normale Dächer gibt es nicht. Allein schon die möglichen Kombinationen aus Eindeckungsmaterial und Dachform multiplizieren sich zu unzählbaren Varianten wie das Mansardendach mit Biberschwanzziegeln, das Pultdach aus Kupferblech oder das mit Reet gedeckte Walmdach. Doch Dächer ...

... müssen nicht nur gut aussehen, sie müssen auch Wind, Schnee, Regen und Hitze abhalten, dafür aber Wärme im Haus halten. Und wenn mal zusätzlicher Wohnraum benötigt wird, entstehen unterm Dach schnell ein paar Zimmer plus Küche und Bad – und das alles, ohne dass man auch nur einen Quadratmeter Bauland dazukaufen muss.

Und wenn Öl und Gas die nächsten Jahre den Bach runtergehen, wer hilft uns aus diesem Desaster? Richtig: Das Dach, auf dem wir unsere Kollektoren montieren. Es wird jetzt also höchste Zeit, auf unsere Dächer mal ein Loblied – frei nach Herbert **GRONEMEYER** – anzustimmen:

Dächer sind meistens rot
Dächer seh'n manchmal aus wie 'n Pult
Dächer sind oftmals steil
Dächer sind viel zu wenig Kult

Dächer halten den Regen ab
Dächer sind unzerbrechlich
Dächer halten die Wärme drin
Dächer sind für ein Haus einfach unersetzlich

Wann ist ein Dach ein Dach?

Dächer sind künftig blau, dann liefern
Dächer Sonnen-Strom
Dächer machen Wasser warm
Dächer sind 'ne echte Sensation

Dächer sind wie Bauland
Dächer sind meistens aus Holz
Dächer sind blitzschnell ausgebaut
Dächer sind unser ganzer Stolz

Wann ist ein Dach ein Dach?

Wann ist ein Dach ein Dach? Geben Sie heute mal einem Kind ein Blatt Papier und sagen sie ihm „mal mal ein Haus." Ich verwette meine letzte Dachziegel, dass das Kind ein Haus mit rotem Satteldach entwirft. Klar, das haben wir früher auch so gemacht. Wir sind regelrecht darauf geeicht, dass Dächer rot sein müssen. Ist das vielleicht der Grund dafür, dass wir die Chancen, die auf und unter den meisten Dächern schlummern, bis heute noch nicht nutzen? Bei jedem Solarkongress in Deutschland ist immer und überall derselbe Tenor zu hören: Photovoltaik-Anlagen erwirtschaften, wenn sie professionell geplant und ausgeführt werden, vom ersten Tag an mehr Geld (Einspeisevergütung) als sie kosten (Zins und Tilgung). Worauf warten wir noch? Dächer sind künftig blau! Wir sollten uns schleunigst einer neuen Baukultur widmen. Alte Strukturen und überholte Bautraditionen müssen endlich rausgefegt werden. Deshalb nenne ich diese Umwelt- und Energiespar-Architektur auch folgerichtig den „Besen-Stil" (wird künftig in einem Atemzug mit „Jugend-Stil" und „Bauhaus-Stil" genannt).

Klar, hier müssen professionelle Architekten ran, damit solche Zukunftshäuser im „Besen-Stil" echte „Hingucker" werden. Gelungene Beispiele gibt es dafür aber schon genügend. Am Ziel sind wir, wenn wir einem Kind einen Stift geben ... und dann zeichnet es ein Haus mit blauem Dach. Und wenn Sie mich jetzt fragen würden, womit Sie beginnen sollen (Wohnraum unterm Dach schaffen oder die Dachfläche zum Kraftwerk umfunktionieren?), dann würde ich Ihnen antworten: „Das können Sie machen wie ein Dachdecker." Wichtig ist nur, dass Sie überhaupt etwas tun.

ENERGIESPAR-TIPP:

Richtig Wäsche waschen: da bleibt auch die Umwelt sauber! Hätten Sie's gewusst? Es gibt mindestens sieben gute Energiespar- und Wasserspar-Tipps rund um die Waschmaschine:

1.: Der meiste Strom geht für das Erwärmen des Warmwassers drauf. Deshalb möglichst oft die Wäsche mit 40 Grad waschen (braucht nur halb soviel Strom wie eine 60-Grad-Wäsche). 2.: Nach Möglichkeit die Waschmaschine ans warme Wasser anschließen. Ist eine Solarthermie-Anlage vorhanden? Das ist ja noch besser. So spart man bis zu 30 Prozent Waschmaschinenstrom. 3.: Waschmaschinen nur voll beladen laufen lassen. Selbst Waschmaschinen mit „Halbvoll-Sparprogramm" sind in der Gesamt-Energiebilanz nicht so gut, wie eine voll ausgelastete Maschine.

Und weiter mit Tipp Nr. 4.: Da alle guten Waschmaschinen der Effizienzklasse „A" angehören, beim Neukauf unbedingt den tatsächlichen Stromverbrauch erfragen, und dann die Geräte vergleichen, um die beste Maschine rauszufinden. 5.: Bei extrem wassersparenden Waschmaschinen darauf achten, dass es ein Extra-Spülprogramm gibt. Damit man mit dem Wasch-Ergebnis immer zufrieden ist. 6.: Gut geschleuderte Wäsche trocknet schneller. 1.200 bis 1.400 Umdrehungen pro Minute sollte eine neue Maschine schon bringen. 7.: Wäsche auf der Leine und nicht im Trockner trocknen.

Der Energieausweis ist seit 1. Januar 2009 für alle deutschen Wohnungen und Wohnhäuser Pflicht, die neu vermietet oder verkauft werden. Mit diesem Dokument können auch Laien erkennen, welche Qualität das neue Zuhause in puncto Energieverbrauch hat. Das ist nicht nur gut für den

... eigenen Geldbeutel, sondern auch für die Umwelt. Soweit die Theorie. Denn der Energieausweis greift nicht, ist kaum bekannt. Rund 50 Prozent der Bundesbürger haben noch nie von diesem Ausweis gehört, obwohl er Pflicht ist. Schlimmer noch: Er wird regelrecht abgelehnt. Kein Wunder, denn der Energieausweis spiegelt eher die Interessen der Energiekonzerne wider als die Interessen der Bürger und der Umwelt.

Da der Energieausweis nur bei Neuvermietung oder Verkauf gilt, bekommen über 90 Prozent aller Häuser dieses Dokument nicht. Und die wenigen Häuser, die einen Energieausweis brauchen, bekommen dann oftmals attestiert, dass aus energetischer Sicht alles in Ordnung sei, selbst wenn es sich um eine Energieschleuder handelt. Beispiel: Ein Haus, das 200 Kilowattstunden Energie pro Quadratmeter und Jahr verbraucht, ist in der Realität ein Sanierungsfall, im offiziellen Energieausweis wird es als „energetisch gut" definiert.

Zur Begrifflichkeit: Ein Haus, das 200 Kilowattstunden Heizenergie pro Quadratmeter Wohnfläche und Jahr verbraucht (200 kWh/m^2a) nennt man auch „20-Liter-Haus", da in einem Liter Heizöl rund 10 Kilowattstunden Energie enthalten sind: 20 (Liter) mal 10 Kilowattstunden = 200 kWh.

Wenn also der Energieausweis 20-Liter-Häuser als „energetisch gut" bezeichnet, dann ist das genauso zu bewerten, wie eine (zum Glück nicht existierende) Empfehlung der Bundesregierung, man möge doch bitte „energetisch gute Autos" mit einem Verbrauch von 20 Litern pro 100 Kilometern kaufen. Genauso wie das 3-Liter-Auto ist auch das 3-Liter-Haus längst Stand der Technik. Unter den heutigen Randbedingungen ist der Energieausweis faktisch nicht existent, seine Bewertungsskala ist von vorgestern.

Doch es gibt eine Lösung: Jeder, auch der, der gesetzlich keinen Energieausweis braucht, sollte sich einen Energieausweis selber ausstellen. Das ist einfacher als man denkt, da man die notwendige Berechnungsformel in einem Satz zusammenfassen kann: „Durchschnittlicher Jahres-Energieverbrauch geteilt durch die Quadratmeter der beheizten Wohnfläche."

Wer beispielsweise in einem Zeitraum von drei Jahren 8.234 Liter Heizöl verbraucht hat, teilt diesen Verbrauch durch drei Jahre und teilt dann das Ganze durch die Wohnfläche: zum Beispiel 126 Quadratmeter. Das ist alles. Den Wert multipliziert man mit 10 und erhält den Energieverbrauch in Kilowattstunden. Fertig ist der Energieausweis, den wir ab sofort nur noch richtigerweise Energie**spar**ausweis nennen. Liegt der Verbrauchswert über 100 Kilowattstunden, also über 10 Liter Öl oder 10 Kubikmeter Gas, sollte ein Fachmann geholt werden, der das Haus untersucht und den energetischen Zustand auf Grundlage der vorhandenen

Gebäudesubstanz präzise bewertet. Das kostet etwa 300 bis 500 Euro. Dazu gibt es dann noch umfangreiche Modernisierungsempfehlungen. Doch auch hierzu eine kleine Anmerkung: Kaum jemand weiß, dass diese Empfehlungen fast immer dieselben sind, da Reihenhäuser genauso modernisiert werden wie Millionärs-Villen und in Hochhäusern die Bauphysik genauso funktioniert wie in Siedlungshäusern.

Anschaulicher Vergleich: Wer im Winter nach draußen geht, zieht sich Mütze, Schal und Mantel über. Egal, ob man groß oder klein ist, ob man jünger oder etwas älter ist. So ist das Wärmeschutzpaket für Häuser auch immer ähnlich: 14 bis 16 Zentimeter dicke Fassadendämmung, 24 Zentimeter Dachdämmung, neue Fenster mit U-Wert von ca. 1,0 W/m^2K, neue Heizung (nach Möglichkeit solarunterstützt). Übrigens: Diese Angaben und Werte werden beim offiziellen Energieausweis jedes Mal aufs Neue mühsam ausgerechnet.

Wir wissen, wie man Blinddärme operiert, Brötchen backt und Häuser modernisiert. Alles Routinejobs. Aber warum muss man bei jeder einzelnen Gebäudemodernisierung die deutsche Bürokratie zu einer detaillierten Datenaufnahme mit wissenschaftlicher Stellungnahme bitten?

Das Schöne am selbst ausgestellten Energiesparausweis ist, dass jeder sofort handeln kann. Am besten noch heute. Wichtig: Bei einem hohen Verbrauchswert schnellstens einen guten, unabhängigen Energieberater beauftragen, das Haus zu untersuchen. Für diese Untersuchung gibt es übrigens Zuschüsse.

Es wird deutlich: Der Energiesparausweis ist eine große Chance für alle Häuser und keine lästige Pflicht für wenige Häuser. Denn jede Modernisierung ist ein Gewinn für die Bausubstanz, für die Umwelt und für die Bewohner. Allein schon wegen der dauerhaft eingesparten Energiekosten.

Wer dann sein Haus modernisiert, kann Energieeinsparungen von bis zu 90 Prozent ermöglichen. Gerade vor dem Hintergrund der langfristig steigenden Energiepreise und des schon traditionellen, alljährlichen Gas-Streits eine tolle Sache. Jeder kann nun für sich selbst entscheiden, auf welche Karte er setzt: Auf „Risiko Energiepreis" inklusive der politischen Waffe der „Unberechenbarkeit der Gaslieferungen" oder aber auf „niedrige Modernisierungszinsen", „lukrative Staatszuschüsse", „Energiepreis-Unabhängigkeit" und „wertvolles, zukunftssicheres Zuhause".

FORTSCHRITT HEISST NACH VORNE SCHREITEN

Wer im Solarzeitalter noch öl- und gasbeheizte Häuser auf Grundlage 20 Jahre alter Ausschreibungstexte in die Neubaugebiete murkst, kann auch in wirtschaftlich soliden Zeiten nicht überleben. Dasselbe gilt für Kaffeefiltertütenproduzenten, wenn die ganze Welt auf Espresso- und Latte-Macchiato-Maschinen umsteigt. Das schwäbische Familienunternehmen Stihl baute auch im Krisenjahr ...

... 2009 ungebremst Motorsägen, weil diese in der ganzen Welt gefragt sind. Stihl kennt aus der jüngsten Vergangenheit eher Produktionsengpässe aufgrund hoher Nachfrage. Arbeitsplätze gefährdet? Wohl kaum!

Die größte Sauerkrautfabrik der Welt heißt Hengstenberg und sitzt im hessischen Fritzlar. Für Hengstenberg und die dort Beschäftigten ist jede Krise eher ein Wachstumsmotor: Denn wenn die Menschen günstig und gesund essen möchten oder müssen, ist Sauerkraut genau richtig: Der Preis ist niedrig und Sauerkraut macht nicht dick. Arbeitsplätze gefährdet? Wohl kaum!

Es gibt noch mehr von diesen Beispielen: Die Bürger werden immer älter. Es muss folglich mehr in die Medizin und in die Altenpflege investiert werden. Dort entstehen künftig viele Arbeitsplätze neu – automatisch. Selbst Tierarztpraxen boomen, weil sich vor allem ältere Leute Haustiere anschaffen. Kurzum: Es werden all jene ihren Arbeitsplatz behalten, die sich neuen Trends aufgeschlossen zeigen, die vernünftig wirtschaften und zurück zu alten (nicht veralteten) Werten finden. Wer fortschrittlich ist, muss sich nicht großartig Sorgen machen.

Fortschritt bedeutet „nach vorne schreiten, nach vorne gehen". Nur wer nach vorne geht, kann etwas bewegen. Am Anfang steht immer „der erste Schritt". Vielleicht ist „der erste Schritt", wenn man auf den Nachbarn zugeht, um das Doppelhaus gemeinsam zu modernisieren. Aufgrund größerer Materialmengen und einer gemeinsamen Baustelleneinrichtung profitieren beide von so einer Aktion noch mehr.

Oder es sind die beiden konkurrierenden Heizungsbauer in einer Gemeinde, die endlich aufeinander zugehen, um gemeinsam mit viel mehr Kraft die Bürger vor Ort über den Sinn innovativer Haustechnik aufzuklären. Man muss sich zunächst immer erstmal selbst bewegen, bevor man letztlich etwas Großes bewegen kann.

Fakt ist: Wer sich nicht bewegt, praktiziert Stillstand. Und mit Stillstand wird nichts verändert – und schon gar nichts verbessert.

GEHEIME WOHNWÜNSCHE

Jetzt möchte ich Sie etwas Persönliches fragen: Gibt es etwas, dass Sie gerne kaufen oder erleben möchten, sich aber nicht trauen, es zu sagen und erst recht nicht, es zu tun? Zum Beispiel deshalb, weil Sie befürchten, dass „die anderen" einen ...

... „schief anschauen". Ich möchte Ihnen ein Beispiel nennen: Wenn ein älterer Herr ins Autohaus geht und sich dort einen schnittigen Sportwagen bestellt, wird er oft von seinem Umfeld belächelt: Midlife-Crisis, „Endlife-Crisis", manchmal wird sowas sogar als „spätpubertär" abgetan. Klar, dass manche, die sich so ein schönes Auto wünschen, diesen Wunsch lieber für sich behalten. Schade.

Gestatten Sie mir hier einen kleinen Hinweis an die Leserinnen: Fast alle Männer (ich auch) befinden sich permanent in zwei Welten: Einerseits wollen wir „echte, harte Männer" sein, die die Welt retten, Bäume ausreißen und jeden Tiger erledigen, andererseits sind wir unser ganzes Leben lang „kleine Jungs", die von Sportwagen und Modelleisenbahnen träumen und am liebsten erstmal die Bäume raufklettern möchten, bevor wir sie rausreißen. Was ich damit sagen möchte: Wenn ein älterer Mann sich ein tolles Auto kauft, dann ist das nicht spätpubertär, sondern er erfüllt sich einfach damit einen Kindheitstraum. Was ist denn daran verwerflich? Ich finde es klasse, wenn man „im Alter" so etwas tut.

Doch nicht nur im Zusammenhang mit Autos, auch beim Haus gibt es unerfüllte Träume. Ich war kürzlich in einem Hotel, da war die Badewanne ins Hotelzimmer integriert. Das sah nicht nur klasse aus, sondern ich hatte auch gleich mehrere Ideen, was man in so einem Raum alles machen kann. Leider war ich an diesem Tag allein unterwegs. Während ich dennoch den Aufenthalt in diesem Zimmer genoss, fragte ich mich, warum wir so etwas Verrücktes nicht auch zu Hause haben. Ich fragte mich weiter, warum eigentlich ein Wohnzimmer aussehen muss wie ein Wohnzimmer, ein Schlafzimmer wie ein Schlafzimmer und ein Bad wie ein Bad.

Da ich sowieso gerade am Umbauen war, beschloss ich, das eine oder andere Detail etwas verrückter zu gestalten. Die Reaktionen auf meine damals noch „geheimen Wohnwünsche" reichten von „Du spinnst" bis „spätpubertär". Heute, da so langsam die endgültige Form erkennbar wird, wächst die Begeisterung meiner Familie und unserer Gäste.

Hin und wieder halte ich Architektenseminare zum Thema „Energiesparen". Darin gibt es inzwischen auch ein Kapitel – Sie ahnen es – „geheime Wohnwünsche". Mit folgender Geschichte ernte ich immer zustimmendes Schmunzeln und ein leises Lachen, das mir zeigt, dass ich gar nicht so falsch liege:

Ich erzähle von einem älteren Ehepaar, das sein Haus umbauen möchte und irgendwann fragt der einfühlsame Architekt das Ehepaar nach deren „geheimen Wohnwünschen". Während die Dame sagt, es sei alles okay, beginnt der Herr des Hauses nach anfänglichem

Zögern zu erzählen: „Wissen Sie, ich war ja Bankdirektor. Aber nur, weil meine Eltern das so wollten. Ich habe immer gut verdient, hatte zeitweise sogar einen Chauffeur. Als Junge wäre ich aber lieber Feuerwehrmann geworden. Diesen Traum habe ich eigentlich nie aufgehört zu träumen. Wenn wir jetzt im Zuge unserer Modernisierung vom Ankleidezimmer runter in die Küche – am besten direkt zur Kaffeemaschine – eine Rutschstange bauen könnten, das wäre genial. Kann man denn so einfach ein Loch in die Decke sägen?"

Der Architekt sagt: „Ja." Da meldet sich die Gattin zu Wort: „Ich wollte eigentlich immer Zirkustänzerin werden. Mir würde es schon genügen, wenn wir unser Wohnzimmer von innen so anstreichen, dass es aussieht wie ein Zirkuszelt. Ich sah neulich, wie jemand eine Unterwasserlandschaft auf eine Wand malte. Geht so was auch als Zirkuskulisse?" Was für eine Frage.

Beginnen schon Ihre eigenen Gedanken zu kreisen, haben Sie auch einen „geheimen Wohnwunsch"?

Lassen Sie mich jetzt nochmals mein zweites Lieblingsthema („Energiesparen") aufgreifen: Seit dem 1. April 2009 sind ja die Fördermittelbedingungen in Deutschland erneut verbessert worden. Wenn Sie jetzt Ihr Haus modernisieren, bleibt unterm Strich mit großer Sicherheit noch etwas Geld übrig, so dass Sie sich *vielleicht* eine Feuerwehrstange *oder* einen Illusionsmaler leisten können. Wenn die Energiepreise aber bald wieder steigen, können Sie sich *sicher* eine Feuerwehrstange *und* einen Illusionsmaler leisten.

"NEUE FENSTER BRAUCHT DIE WAND"

Haben Sie schon mal überlegt, dass sich ein Fenster mit nur einem Handgriff zuverlässig öffnen und schließen lassen muss. Mehrmals am Tag, zehntausend Mal in 20 bis 30 Jahren. Aber kein einziges Mal darf das Fenster zu öffnen sein, wenn man es von außen mit der Brechstange versucht. Aber Wärme soll durchs Fenster immer reinkommen, aber nach Möglichkeit nicht wieder entweichen. Nicht schlecht! ...

... Womit wir wieder beim Thema „Qualität" wären.

Wenn nun eine Sanierung der Fassade ansteht, entscheiden sich viele Hauseigentümer zwar für eine Dämmung, die Fenster werden aber nicht ausgetauscht, weil sie ja noch ganz passabel aussehen. Ein Riesen-Fehler. Denn während die Dämmwirkung der Außenwand auf den neuesten Stand gebracht wird, gehört das – nur noch optisch – gute Fenster wärmetechnisch betrachtet längst ins Museum.

In Zahlen ausgedrückt: Der U-Wert der Wand beträgt nach der Sanierung etwa 0,20 W/m²K, alte Fenster haben U-Werte in einer Größenordnung von 3,00 W/m²K oder schlechter. Auch Nicht-Bauphysikern leuchtet nun ein, dass alte Fenster rund 15 Mal minderwertiger sind als moderne Wände. Schade um das schöne Haus.

Jetzt ist nicht nur der U-Wert als Kennzeichnung der Wärmeschutzqualität maßgeblich, vielmehr wissen wir auch, dass Wärme durch Fugen und Ritzen verloren geht. So gesehen hat ein altes Fenster nicht nur wegen der ungünstigen U-Werte extrem schlechte Karten, sondern auch wegen verzogener Rahmen, die ein dichtes Schließen schlicht und einfach unmöglich machen. Auf den Punkt gebracht: Wenn eine Fassade gedämmt wird und die Fenster älter als 25 Jahre sind, gehören sie im Zuge der Sanierung ausgetauscht. Das Schönste dabei: Dieser Fensteraustausch wird über billiges Fördergeld und Zuschüsse stark subventioniert. Und dann sind da auch noch die eingesparten Heizkosten, weil neue Fenster eben echte Energiesparer sind.

Noch ein weiterer Gedanke zu alten Fenstern. Ausgelutschte Fensterflügel mit Klebedichtbändern reparieren zu wollen, kann man vielleicht als akute Sofortmaßnahme bezeichnen. Eine dauerhaft haltbare Instandsetzung ist dies aber nicht.

Wenn man sich dann schlussendlich für neue Fenster entschieden hat, bitte auch folgenden Tipp beachten: Bei der Montage zwischen Rahmen und Mauerwerk ein umlaufendes Dichtband einbauen (wird oft leider „vergessen"). Dann sind wirklich alle Wärmelecks geschlossen, und die Wärme bleibt da, wo sie ist: im Haus.

Und weil's so schön ist, noch ein Spartipp: Der Aufpreis für dreieckige oder runde Fenster kann leicht 100 Prozent betragen (umgerechnet auf den einzelnen Quadratmeter Fensterfläche). Festverglasungen liegen dagegen bis zu 40 Prozent günstiger als gleich große Fenster mit den üblichen Dreh-Kippflügeln.

Außerdem geht durch eine Festverglasung weniger Energie raus und Einbrecher wissen nicht so recht, wo sie die Brechstange ansetzen sollen. Insofern ist dies auch ein Spartipp für Gangster und Ganoven: Den Einbruch könnt Ihr Euch sparen.

DER SINN
DES LEBENS

Sprechen, Schreiben und Lesen sind zwar ganz gewöhnliche Vorgänge, aber dennoch unendlich faszinierend. Denn mit Sprechen, Schreiben und Lesen transportiert man Wissen und Gedanken. Dieser Beitrag zum Beispiel, den Sie gerade in dieser Sekunde lesen, wurde mittels Schreibtastatur in den ...

... Computer transportiert, von dort als Email zum Verlag und dann mit dem gedruckten Buch weiter zu Ihnen. Und jetzt transportieren Sie diese Zeilen in Ihren Kopf. Und wenn Ihnen das gefällt, was Sie gleich noch lesen werden, erzählen Sie es vielleicht weiter. Oder Sie finden das, was noch kommt, so absurd und blödsinnig, dass Sie es auch weitererzählen. Wie auch immer: Gemeinsam können wir unsere Gedanken immer weiter von Mensch zu Mensch transportieren.

Mir kommt gerade ein Bild in den Sinn, wie man es von früher von Baustellen kennt, wenn mehrere Arbeiter eine Kette bildeten und die Dachziegel vom Abladeplatz aufs Dach beförderten. Wer jetzt nach weiteren Bildern dieser Art sucht, dürfte sehr schnell zum Ergebnis kommen, dass wir alle den lieben langen Tag, unser ganzes Leben lang nichts anderes machen, als Dinge oder Gedanken von einem Ort zum anderen zu transportieren. Wir sind alle Spediteure.

Wir können sogar noch weitergehen. Die Natur, die Umwelt, ja sogar unser Sonnensystem sind nichts anderes als ein riesiges Transportunternehmen. Der Regen wird mittels Schwerkraft aus den Wolken auf die Erde transportiert, die Erde bewegt sich durchs Weltall, die Sonne transportiert Sonnen-Energie auf unsere Dächer, von dort gelangt sie als Strom ins Stromnetz und treibt letztlich vielleicht einen CD-Spieler an, mit dem wir Musik zu unseren Ohren transportieren.

Lassen Sie uns ein Experiment machen: Ich behaupte, dass alles, was je auf dieser Welt passiert, letztlich nichts anderes ist als ein Transport von A nach B. Gibt es irgendeinen Prozess, bei dem nichts transportiert wird? Beim Sport werden permanent Bälle transportiert, bei einer Filmproduktion Kameras und Filmkulissen, im globalen Finanzwesen unser Geld. Selbst wenn wir schlafen, transportieren wir: nämlich Luft in unsere Lungen, wir pumpen Blut durch unsere Adern. Sogar wenn wir lieben, transportieren wir etwas: nämlich große Gefühle zu einem anderen Lebewesen. Falls die Liebe erwidert wird, werden Gefühle zurücktransportiert. Wer einseitig sein Auto oder sein Haus liebt (sowas soll's geben), transportiert häufiger Putzlappen und Staubsauger.

Kann der Sinn des Lebens tatsächlich mit dem einen Wort „Transport" beschrieben werden? Wenn ja, müsste man doch unterscheiden zwischen sinnvollem und Lust bringendem Transport einerseits und unsinnigem, frustrierendem Transport andererseits. Also zwischen positivem und negativem Transport. Gibt es überhaupt Lust bringenden, positiven Transport? Etwas schaffen, aufbauen oder auch nur das Fahrrad radelnd durch den Wald zu transportieren, sind Beispiele für Lust bringenden Transport. Einen Sack Zement sinnlos durch die Fußgängerzone zu schleppen, ist dagegen deprimierend. Noch drastischer ist die destruktive Art des Transports, wenn etwas zerstört wird. Das ist eher „Rücktransport" oder „Rückschritt". Was mal aufgebaut wurde, wird wieder demontiert: Häuser werden im Krieg durch Bomben zerstört, die Umwelt wird durch allerlei Schadstoffe zerstört, die wir in die Atmosphäre transportieren.

Ist es nun möglich, dass wir nur noch „positiven Transport" praktizieren? Wer jetzt ganz scharf nachdenkt, wird sehr schnell herausfinden, dass der „positive Transport" das Weitergeben und Zurückgeben von Gedanken, Werten, Waren und Leistungen ist. Wer den Transport allein mit „Nehmen" übersetzt, wird untergehen wie eine gierige Bank. Wer Öl und Gas von der Erde und zugleich viel Geld von den Bürgern nimmt, transportiert sich früher oder später ins Aus.

Ob Ihnen diese Gedanken gefallen oder nicht, ist egal. Geben Sie diese Gedanken einfach weiter. Derjenige, der Ihnen zuhört, wird Ihnen darauf antworten. Vielleicht klug oder auch dumm. Sie werden aber immer neue, weitere Gedanken bekommen. Man kann es von allen Seiten betrachten, man kommt immer zur selben Erkenntnis: Der Sinn des Lebens ist automatisch auch immer der Sinn des Gebens. Das ist übrigens aus der Sicht der Sonne genauso: Sie gibt uns alle Energie, die wir brauchen. Und wir? Wir müssen uns nur etwas mehr Mühe geben.

HALLO, HALLO: QUALITÄT IST NUR MITTELMASS

Versuchen Sie mal einem Kind zu erklären, warum es Latein lernen soll. Als meine Eltern 1973 beschlossen, dass ich aufs humanistische Gymnasium mit der ersten Fremdsprache Latein eingewiesen werden sollte, musste ich mir anhören, dass man bei einem Medizin- oder Pharmaziestudium Latein brauche. Ich wollte aber weder Arzt noch Apotheker ...

... werden, sondern Rockstar, Architekt oder wenigstens Journalist.

Der erste Satz, den wir im Lateinunterricht dann lernten, war „rusticus arat". Das heißt übersetzt „der Bauer pflügt". Nun fragte ich mich als frisch eingeschulter Sextaner, warum ein Arzt bei einer Blinddarmoperation oder ein Apotheker beim Aushändigen von Aspirin „Der Bauer pflügt" auf Lateinisch sagen können muss.

Bis zum Erlangen des großen Latinums war für mich der echte Nutzen dieser „toten Sprache" nicht erkennbar. Doch das änderte sich schlagartig, als ich damit begann, für die Zeitschrift „Haus & Grund" Kommentare zu schreiben. Denn egal wie das Thema der Texte auch lautet: Die lateinische Sprache liefert oft derart aufklärende Weisheiten, dass ich heute allen Eltern gern den Rat geben würde, sie mögen doch ihre Kinder in den Lateinunterricht schicken, wenn diese Arzt, Apotheker oder Kommentator werden möchten. Denn als Kommentator könnte man dann einen Beitrag zum Thema „Qualität ist Mittelmaß" so beginnen:

Der Begriff „Qualität" ist abgeleitet vom lateinischen Wort „qualitas", was soviel wie „Beschaffenheit, Eigenschaft" bedeutet. Ohne jegliche Wertung. Das Wort „Qualität" meint also nicht zwingend eine „hochwertige Ausführung", sondern nur „Ausführung" – egal wie. So gesehen hat alles, was es gibt, eine „Qualität":

Schrott-Autos, Gammelfleisch, undichte Dächer. Erst mit der genauen Definition der Eigenschaften wird die (hohe) Qualität sichergestellt. „Autos müssen funktionierende Bremsen haben", „Nahrungsmittel müssen genau festgelegte Kriterien erfüllen", „Dächer müssen nach bestimmten Regeln abgedichtet sein".

Doch wer legt diese Richtwerte fest? Und vor allem: nach welchen Randbedingungen? Gut, dass wir nicht nur Latein in der Schule hatten, sondern auch noch Mathematik. Erinnern Sie sich noch an die „Gauß'sche Glockenkurve"? Das ist die Kurve, die man nach jeder Klassenarbeit an die Tafel zeichnen konnte. Denn bereits bei nur 30 Schülern ergibt sich fast immer statistisch eine „Normalverteilung": wenige Einser, ein paar Zweier, jede Menge Dreier und Vierer sowie ein paar Fünfer und ab und zu eine Sechs.

Zurück zur Qualität: Wenn sich unsere Qualitätskriterien tatsächlich am Besten orientieren würden, dann wären nur rund 10 Prozent unserer Produkte und Dienstleistungen in Ordnung. Das würde eine Prozesslawine verursachen. Ernüchternde Schlussfolgerung: Die in unserer Gesellschaft festgelegten (hohen) Qualitätsnormen orientieren sich am Mittelmaß, da nur dieses von der Masse auch erfüllt werden kann. Wenn ich mich recht erinnere, bekam man in der Schule noch die Note „ausreichend" (4), wenn man gerade mehr als die Hälfte richtig hatte.

Schauen wir uns mit diesem Gedanken doch mal unsere Häuser an: Die neue Energieeinsparverordnung („EnEV 2009") sagt, dass 7-Liter-Häuser „hohe Qualität" sind, obwohl wir längst problemlos 3- und 4-Liter-Häuser bauen können. Häuser in „hoher Qualität" stellen also gerade mal etwa 50 Prozent dessen dar, was wir tatsächlich können. Oder gehen wir noch weiter: Die Bauprofis, die in der Schule eine „1 plus" bekommen hätten, können „Passivhäuser" bauen. Das sind Gebäude, die gar kein Heizöl oder Gas mehr brauchen, sondern fast allein von der tief stehenden Wintersonne, die waagerecht durch die nach Süden ausgerichteten Fenster ins Haus scheint, beheizt werden. Man profitiert hier von der „passiven Nutzung der Sonnen-Energie". Das ist wirklich „höchste Bau-Qualität".

Doch was sollen die Begriffe „passive Nutzung" und „Passivhaus"? Im Wort „passiv" steckt das lateinische Grundwort „pati" und das bedeutet „leiden" (man denke auch an „Patient"). Warum, so fragt man sich, haben die besten Haus-Erfinder der Welt ihr geniales Sonnenhaus ausgerechnet „Leidenshaus" genannt. Kein Wunder, dass das keiner will.

Wahrscheinlich hatten diese Bauprofis genau solche Eltern wie ich. Mit dem Unterschied, dass sie sich mit Händen und Füßen gegen eine humanistische Bildung gewehrt haben. Schließlich wollten sie Haus-Erfinder werden und nicht Arzt oder Apotheker. Und jetzt ham wa den Salat: Hätten die wenigstens als dritte Fremdsprache Latein gewählt, dann würden „Passivhäuser" jetzt einfach „Solarhäuser" heißen. Denn „solar" bedeutet „die Sonne betreffend". Latein eine tote Sprache? Sie ist lebendiger denn je – und von höchster Qualität.

ABDICHTUNG UND WAHRHEIT

Fast jeder hat in der Schule mal eine „5" zurückbekommen oder die Führerscheinprüfung versemmelt. Der Volksmund nennt solche Situationen „Stunde der Wahrheit". Extrem unangenehm, es wird einem heiß und kalt, aber es hilft nichts: da muss man durch. Die Konsequenz: Künftig ordentlicher Hausaufgaben machen oder noch ein paar ...

... Fahrstunden nehmen. Und beim nächsten Mal klappt's. Klar, es gibt weitaus schlimmere „Stunden der Wahrheit", aber lassen Sie uns bei diesen Beispielen bleiben. Denn jetzt wird es interessant:

Stellen Sie sich vor, Lehrer und Fahrprüfer wären von ihren Schülern in der Weise abhängig, dass diese beim Verlassen der Schule oder mit Aushändigung des Führerscheins über den weiteren Werdegang des Lehrers/ Fahrprüfers entscheiden. „Daumen hoch" hieße „er oder sie kann weitermachen", „Daumen runter" bedeutet „Entlassung, ab in die Wüste". Ich wette, viele Lehrer und Fahrprüfer würden kurz vor den Abschlussprüfungen „gute Gaben" verteilen und Milde walten lassen. Sie hätten sonst keine guten Karten für die eigene Zukunft.

Fällt Ihnen etwas auf? Dieses groteske Lehrer-Abwähl-Beispiel haben wir in der Politik. Man „schenkt" uns in den Wahlkampfzeiten 2.500 Euro Abwrackprämie, verspricht Millionen neue Jobs, 20 Millionen Rentner bekommen mehr Rente. Und überall schwingt der nicht ausgesprochene Satz mit „bitte, bitte wähl' mich!" Wäre es nicht besser, uns mit der „Stunde der Wahrheit" zu konfrontieren und einen echten Masterplan vorzustellen?

Lassen Sie uns einmal „Stunde der Wahrheit im Bauwesen" spielen. Es gibt mehrere Indizien, dass maximal nur 10 Prozent der Bauprofis vom Architekten bis zum Handwerker den Bereich „Wärmeschutz" beherrschen. Hier ein Beispiel: Beim Neubau und bei der Altbaumodernisierung werden fast überall erhebliche Fehler gemacht. Zu dünne Dämmschichten, mangelhafte Luftdichtheit, und es werden heute noch Details umgesetzt, die im Jahr 1980 Stand der Technik waren und inzwischen längst überholt sind. Schlimmer noch: Viele „Bauprofis" antworten auf die Frage, wie dick denn eine Dämmung sein muss, „möglichst nicht so dick, die Wände müssen ja noch atmen." Als Laie denkt man „Aha ...?!?", als Prüfer würde man sagen „6, setzen, durchgefallen".

Vermutlich haben tatsächlich mehr als 90 Prozent der Bauleute nie eine Bauphysik-Prüfung absolviert. Machen Sie doch mal folgenden Test: Jeder kennt einen Handwerker, Bauingenieur oder Architekten. Fragen Sie doch mal frei raus „Haben Sie eine Prüfung in Bauphysik absolviert?" Oder noch besser: „Was bedeutet Qp?" Jeder, der sich mit Häusern wirklich auskennt, weiß, dass „Qp" das bauphysikalische Kürzel für den „Jahres-Primärenergiebedarf" ist. Salopp kann man sagen, dass „Qp" die Basis einer jeden Wärmeschutzberechnung eines Hauses ist.

Meine Erfahrung ist, dass etwa 98 Prozent der befragten Bauprofis „Qp" nicht kennen. Es ist eine Katastrophe. Das ist wie „Fahren ohne Führerschein." Wer die

Verkehrsregeln nicht kennt, baut schon an der ersten Kreuzung einen Unfall. Wer als Schreiner nicht weiß, dass ein Tisch „Tisch" heißt, der kann auch keinen Tisch bauen, wenn man bei ihm einen Tisch bestellt, weil ihm das Wort „Tisch" und seine Bedeutung unbekannt sind.

Oder dieser Test: Wenn ein Fachmann sagt, eine Wärmedämmung würde sich nicht rechnen, dann fordern Sie ihn auf, es Ihnen vorzurechnen. Wenn er es nicht kann, dann fragen Sie ihn, wie er zu seiner Aussage gekommen ist. Übrigens: Die Wirtschaftlichkeitsberechnung für eine Wärmedämmung passt zwar nicht auf einen Bierdeckel, ein DIN-A-5-Papier reicht aber schon aus. Es ist nicht kompliziert.

Nun hat es sich in unserer Gesellschaft eingebürgert, dass – wenn man schon keine Ahnung hat – man sich halt mit nachgeplappertem Halbwissen oder phantasievoll ausgedachten „Fakten" durchschlägt. Die folgende Geschichte ist sicher kein Einzelfall: Mir wurde eine Baubeschreibung vorgelegt, aus der die Unkenntnis über zeitgemäßes Bauen geradezu herausschrie. Dort war zu lesen: „Wärme- und Kältebrücken werden gemäß Wärmeschutz- und Energieeinsparverordnung ausgeführt." Da wollte wohl jemand mit Fachchinesisch auftrumpfen, ohne selbst Vokabeln gelernt zu haben. Kältebrücken gibt es nicht, und die Wärmeschutzverordnung wurde bereits im Jahr 2002 von der Energieeinsparverordnung ersetzt.

Hallo Fachmann: Wärmebrücken sollen nicht *ausgeführt*, sondern *vermieden* werden. Doch der Konstrukteur dieser Baubeschreibung, ein Bauträger, legte noch kräftig nach. Auf die Frage, warum er denn nur den Baustandard nach Energieeinsparverordnung anbiete und nicht die viel bessere 4-Liter-Haus-Technologie, schepperte er zurück: „Wer einen Ferrari haben will, darf sich nicht in der Golfklasse umsehen." Hey, Du Sprücheklopfer: Ein „Ferrari-Haus" ist ein Energieverschwender-Gebäude mit goldenen Wasserhähnen und teuren Kronleuchtern. Während ein „4-Liter-Haus" zu Recht mit der Golfklasse verglichen werden kann: mit der „BlueMotion"-Energiespar-Variante. Alles klar?

Es gibt aber noch mehr Blabla und Blödsinn: „Wände müssen atmen." Oder dieser Unfug: „Ich will doch nicht in einer Plastiktüte wohnen" und „Fugen und Ritzen sorgen für eine willkommene Grundbelüftung." In Wahrheit müssen Häuser dicht sein. Auch sehr beliebt ist dieses unglückliche „gedämmte Wände schimmeln". Überhaupt der Schimmel – jeder Bauphysiker weiß, dass es nur dort schimmelt, wo gemurkst wurde. Wenn Handwerker und Architekten von missglückten Modernisierungen mit Schimmel-Konsequenzen sprechen, muss ich immer an meine erste – sehr missglückte – Klavierstunde denken. Es klang fürchterlich. Eine Woche später der zweite Versuch. Immer noch grausam. Nach dem dritten Versuch habe ich entnervt aufgehört. Eigentlich müsste ich jetzt überall behaupten,

Klavierspielen klingt immer schrecklich (schließlich habe ich eigene, praktische Erfahrungen). Dass ein Pianist ein grandioses Konzert gibt, ist nach meiner persönlichen Erfahrung unmöglich.

Die Wahrheit sieht auch hier anders aus: Natürlich gibt es unzählige hervorragende Pianisten. Die haben geübt und beherrschen ihr „Handwerk". Wir Bauleute müssen auch einfach nur mehr üben. Dann wissen wir, dass richtig gedämmte Häuser nicht schimmeln können und dass dichte Fenster das Beste sind, was es gibt. Alles das weiß man auch im Bundesbauministerium. Aber stellen Sie sich mal vor, unser Bauminister würde endlich mal eine „Stunde der Wahrheit" anberaumen und sagen, dass über 90 Prozent der Bauleute keine Ahnung haben. Hunderttausende (Wähler) würden ihm erzürnt Backsteine an den Kopf werfen und seine Wiederwahl könnte er sich komplett abschminken.

Dennoch eine Bitte an unseren Bundesbauminister und an alle Politiker-Kolleginnen und Kollegen: Gebt Euren Worten doch mal wieder mehr Gehalt, mehr Klarheit, mehr Wert. Das funktioniert übrigens besonders gut mit der Wahrheit. Also räumt mit Euren Märchen auf, vor allem mit dem Märchen von den schimmelnden und atmenden Wänden. Viele würden dann aufhorchen, manche dabei sicherlich sogar aufatmen.

DIESES BUCH WIDME ICH
IHREM HAUS.